U0149938

人文社科
高校学术研究论著丛刊

可持续发展理念下的绿色建筑设计与既有建筑改造

展海强　白建国　著

中国书籍出版社
China Book Press

图书在版编目 (CIP) 数据

可持续发展理念下的绿色建筑设计与既有建筑改造 /
展海强 , 白建国著 . -- 北京 : 中国书籍出版社 , 2021.4
ISBN 978-7-5068-8428-0

Ⅰ . ①可… Ⅱ . ①展… ②白… Ⅲ . ①生态建筑 – 建
筑设计②建筑物 – 改造 Ⅳ . ① TU201.5 ② TU746.3

中国版本图书馆 CIP 数据核字（2021）第 064953 号

可持续发展理念下的绿色建筑设计与既有建筑改造

展海强 白建国 著

丛书策划	谭 鹏 武 斌	
责任编辑	李 新	
责任印制	孙马飞 马 芝	
封面设计	东方美迪	
出版发行	中国书籍出版社	
地 址	北京市丰台区三路居路 97 号 (邮编：100073)	
电 话	（010）52257143（总编室） （010）52257140（发行部）	
电子邮箱	eo@chinabp.com.cn	
经 销	全国新华书店	
印 厂	三河市德贤弘印务有限公司	
开 本	710 毫米 × 1000 毫米 1/16	
字 数	255 千字	
印 张	19	
版 次	2022 年 7 月第 1 版	
印 次	2022 年 7 月第 1 次印刷	
书 号	ISBN 978-7-5068-8428-0	
定 价	92.00 元	

目 录

第一章 绿色建筑概述

随着以人为本和生态文明建设基本国策的提出,发展绿色建筑,建设资源节约型、环境友好型社会成为我国城市发展的根本目标,同时也是人类社会发展的方向。在这个进程中,如何设计绿色建筑,使建筑可持续发展成为重要的研究课题。本章就从绿色建筑的内涵出发,对绿色建筑的缘起、制约因素以及发展前景做出阐述。

第一节 绿色建筑的内涵与发展

一、绿色建筑的内涵

建筑,从广义上讲是研究建筑和环境的学科,其涵盖的范围十分广泛。由于地域、观念、经济、技术等方面的差异,不同的学者对建筑的定义也不尽相同。《中国大百科全书》对"建筑"的定义为:"人工建造的供人们进行生产、生活等活动的房屋或场所。"

绿色建筑是建筑的重要理念与形式。根据国家标准《绿色建筑评价标准》(GB/T 50378-2006)的定义,"绿色建筑是指在建筑的全生命周期内,最大限度地节约资源(节能、节地、节水、节材)、保护环境和减少污染,为人们提供健康、适用和高效的使用空间,与自然和谐共生的建筑"。

（一）绿色建筑的基本特点

绿色建筑的基本特点有如下三个方面。

1. 社会性

绿色建筑的社会性主要是从建筑观念问题出发进行考量的，指的是这种建筑形式必须贴近现代人的生活水平、审美要求和道德、伦理价值观。

从绿色建筑的社会性出发，其要求建筑者在建设领域及日常生活中约束自身的行为，有意识地考虑建筑过程中生活垃圾的回收利用、控制吸烟气体的排放，如何在建筑过程中做到节能环保等。

这些问题的解决不仅是技术问题，同时也体现出了绿色建筑设计者的建筑理念、生活习惯、个人意识等。建筑设计者如何从社会的角度出发进行设计，需要公共道德的监督和自我道德的约束。这种道德，即是所谓的"环境道德"或"生态伦理"。

除此之外，由于现代社会生活和工作节奏快，人们面临的压力大等问题，因此对建筑的舒适程度与健康程度都有着较强的关注，甚至对上述两个方面的关注要高于对建筑中能源和资源消耗的关注。这也给建筑设计者的绿色建筑设计带来了一定的难题。

绿色建筑设计者应该从建筑的社会性出发，在满足现代人心理需求的前提下进行设计。否则一味地强调建筑的环保性和节约性，其对人们的吸引力也不会提高。

2. 经济性

绿色建筑是从环境和社会的角度出发进行的设计，因此对于社会的可持续发展有着积极的推动作用。但是，由于绿色建筑在初期建设阶段投资往往较高，很多建筑投资者并不十分看好这种建筑形式。

企业若想资源投资建设生态建筑，就应该从经济性出发，考虑建筑的全生命周期,并综合考虑绿色建筑的价值。具体来说,建筑设计者需要考虑以下两个要素。

（1）如何降低建筑在使用过程中的运行费用。

（2）如何减少建筑对人体健康、社会可持续发展的影响。

所谓建筑的全生命周期是指从事物的产生至消亡的过程所经历的时间。就建筑而言,从能源和环境的角度,其生命周期是指从材料与构件生产(含原材料的开采)、规划与设计、建造与运输、运行与维护直至拆除与处理(废弃、再循环和再利用等)的全循环过程;从使用功能的角度,是指从交付使用后到其功能再也不能修复使用为止的阶段性过程,即是建筑的使用(功能、自然)生命周期。建筑的生命周期成本如图 1-1 所示。

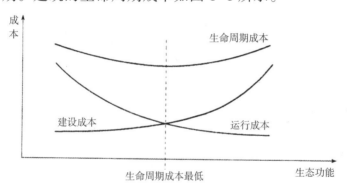

图 1-1　建筑的生命周期成本

绿色建筑在设计时要注意平衡建筑成本以及后期的运营维护成本。

3.技术性

绿色建筑的发展不仅需要科学的设计理念作支撑,还需要设计者立足于现有社会资源和技术体系,设计出真正满足人们生产、生活需求的建筑。因此,绿色建筑还应该具有技术性。

但是需要说明的是,绿色建筑的技术性也是和其社会性紧密相连的。虽然传统木质、岩石、黏土等结构建筑材料最为生态环保,但是却不能满足现代社会的生活方式。原始人的巢穴也是人类居住的场所,也是最环保的居住方式,但是时代不同,建筑的要求也应该更具多元化。

因此,绿色建筑在技术性的要求下应该使用新的技术与材料,融合绿色建筑设计者的理念与方式,结合现代社会的环保问题进行设计。

(二)绿色建筑的基本要素

1. 自然和谐

自然和谐是绿色建筑设计的基本要素之一,同时也体现出了绿色建筑的本质特征。

我国传统文化推行"天人合一"的唯物辩证法思想,绿色建筑理念便是这一思想的反映。天人合一构成了世间万物和人类社会中最根本、最核心、最本质的矛盾的对立统一体。"天"代表着自然物质环境,"人"代表着认识与改造自然物质环境的思想和行为主体,"合"是矛盾的联系、运动、变化和发展,"一"是矛盾相互依存的根本属性。人与自然的关系是一种辩证和谐的对立统一关系。如果没有人,一切矛盾运动均无从觉察,何以言谈矛盾;如果没有天,一切矛盾运动均失去产生、存在和发展的载体;唯有人可以认识和运用万物的矛盾;唯有天可以成为人们认识和运用矛盾的物质资源。以天与人作为宇宙万物矛盾运动的代表,最透彻地表现了宇宙的原貌和变迁。绿色建筑在设计过程中要符合人类建筑活动的自然规律,做到人与建筑的和谐共生。

2. 经久耐用

经久耐用是对绿色建筑的另一个基本要素,绿色建筑在正常运行维护的情况下,其使用寿命应该满足一定的设计使用年限,同时其功能性和工作性也能得到体现。

需要指出的是,即便是一些临时性的绿色建筑物也要体现经久耐用的特点。例如,为了 2008 年北京奥运会临时搭建的中国击剑馆,其在奥运会期间作为国际广播电视中心、主新闻中心、击剑馆和注册媒体接待中心。奥运会过后,它被改为满足会议中心运营要求的国家会议中心,如图1-2所示。

图1-2 中国国家会议中心

3.节约环保

节约环保是绿色建筑的第三大基本要素。绿色建筑的节能环保是一个全方位全过程的节约环保概念,包括建筑用地、用能、用水和用材,这也是人、建筑与环境生态共存和两型社会建设的基本要求。

2008年北京奥运会的许多场馆,如国家体育馆(图1-3)的地基处理和太阳能电池板系统等,就融入了绿色建筑节约环保的设计理念和元素。

4.安全可靠

安全可靠是绿色建筑的第四个基本要素,也是人们对作为其栖息活动场所的建筑物的最基本要求之一。

安全可靠从本质上讲就是崇尚生命、尊重生命,是指绿色建筑在正常的设计、施工和运用与维护条件下能够经受各种可能出现的作用和环境条件,并对有可能发生的偶然作用和环境异变仍能保持必需的整体稳定性和工作性能,不致发生连续性的倒塌和整体失效。对安全可靠的要求贯穿于建筑生命的全过程中,不仅在设计中要考虑到建筑物安全可靠的方方面面,还要将其有关注意事项向与其相关的所有人员予以事先说明和告知,使建筑在其生命预期内具有良好的安全可靠性及其保障措施和条件。

图1-3 国家体育馆

除了物质资源方面的有形节约外,还有时空资源等方面所体现的无形节约。这就要求建筑设计者在构造绿色建筑物的时候要全方位全过程地进行通盘的综合整体考虑。

绿色建筑的安全可靠性不仅是对建筑结构本体的要求,而且也是对绿色建筑作为一个多元绿色化物性载体的综合、整体和系统性的要求,同时还包括对建筑设施设备及其环境等的安全可靠性要求。例如,国家游泳中心"水立方"便在绿色建筑过程中融入了安全可靠性的理念与元素,如图1-4所示。

5. 科技先导

科技先导是绿色建筑的第五大基本要素。这也是一个全面、全程和全方位的概念。

绿色建筑是建筑节能、建筑环保、建筑智能化和绿色建材等一系列实用高新技术因地制宜、实事求是和经济合理的综合整体化集成,绝不是所谓的高新科技的简单堆砌和概念炒作。

图 1-4 水立方

科技先导强调的是要将人类的科技实用成果恰到好处地应用于绿色建筑,也就是追求各种科学技术成果在最大限度地发挥自身优势的同时使绿色建筑系统作为一个综合有机整体的运行效率和效果最优化。我们对建筑进行绿色化程度的评价,不仅要看它运用了多少科技成果,而且要看它对科技成果的综合应用程度和整体效果。

2008 年北京奥运会的许多场馆,如国家体育场"鸟巢"(图1-5)和国家游泳中心"水立方"(图 1-6)的内部结构等,都融有绿色建筑科技先导的设计理念和元素。

图 1-5 鸟巢

图1-6   "水立方"的内部结构

二、绿色建筑的发展

绿色建筑的发展是人类社会发展的必然路径,体现出了人类追求与自然和谐相处的努力。在现代科学和工业革命的影响下,人类社会出现了前所未有的进步,但是同时也引起了严重的环境问题与发展挑战,如人口剧增、资源紧缺、气候变化、环境污染和生态破坏等问题。这些问题的出现说明传统的发展模式和消费方式已经难以为继,必须寻求一条人口、经济、社会发展与资源及环境相互协调的发展道路。20世纪60年代,全球兴起了一场"绿色运动",以此寻求人类持续生存和可持续发展的空间。"生态"思想的出发点是保护自然资源,调整人类行为,满足自然生态的良性循环,保证人类生存的安全。面对保护生态环境、维护生态平衡这一全球性课题以及日益蓬勃发展的绿色运动,在建筑这一与人类息息相关的领域,生态建筑开始日益受到关注。

20世纪60年代,美籍意大利建筑师保罗·索勒瑞(Paola Soleri)主张保持生态平衡并保持城市与建筑的自身特征,把生态学Ecology和建筑学Architecture两词合并为Arology,即"生态建筑学"。

绿色建筑的概念在欧洲和美国略有不同。美国集中于建筑能效。在欧洲，可持续建筑物和可持续建筑的概念运用得更为广泛，它们包含了能效以及其他绿色方面的内容，如为达到京都议定书的要求实行 CO_2 减排和建筑材料循环利用。

美国联邦环境执行办公室将绿色建筑界定为以下几点。

（1）提高建筑物和建筑能源、水资源和材料的使用效率。

（2）通过选址、设计、建设、运行、维护和拆除（建筑整个生命周期）来减少建筑对人类健康和环境的影响。

随着绿色建筑理念的推行，国内外绿色建筑都有着重要的发展。下面分别对国内外绿色建筑的发展进行分析。

（一）国内绿色建筑的发展

国内绿色建筑从 20 世纪 80 年代开始萌芽。在我国经济的带动下，掀起了全国范围内的建筑高潮。但是由于当时建筑水平低下，绿色建筑理念缺乏，因此建筑过程中并没有切实考虑建筑的节能环保。

随着绿色建筑和绿色施工认证制度在国内的实施，国家建设行政主管部门于 2006 年 3 月颁布了《绿色建筑评价标准》（GB/T 50378–2006，2006 年 6 月实施），2007 年 9 月发布了《绿色施工导则》（建质〔2007〕223 号），2010 年 11 月颁布了《建筑工程绿色施工评价标准》（GB/T 50640–2010，2011 年 10 月实施）。这些导则和标准的出台，有力地推动了我国绿色建筑和绿色施工的发展，使绿色建筑设计、施工与运营逐步规范化和标准化，而且推动了绿色建筑设计、绿色施工和运营的认证工作在全国的开展，提高了设计单位、施工单位和物业管理单位全面参与工程建设的积极性。

我国绿色建筑进入规模化发展时代，"十二五"期间，计划完成新建绿色建筑 10 亿平方米；到 2015 年末，20% 的城镇新建建筑达到绿色建筑标准要求。

现如今我国绿色建筑制度体系构成如图 1–7 所示。

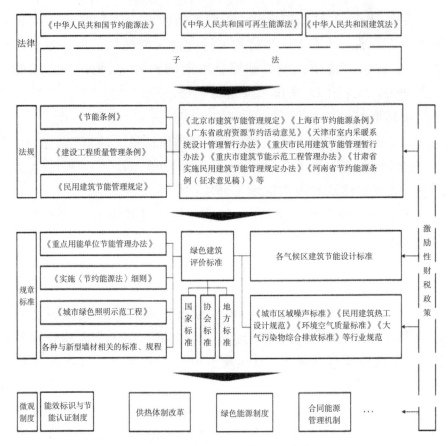

图 1-7 我国绿色建筑体系结构图

（二）国外绿色建筑的发展

在可持续发展理念思想的推广与传播作用下，越来越多的行业人员开始重视与积极支持绿色建筑理念。这种建筑理念的出现体现出了人与自然和谐相处、协调发展的美好愿望。将绿色理念在建筑中推行，是国际建筑者对人类可持续发展的积极回应。

绿色建筑在发达国家的发展轨迹到了今天，其成熟的标志性运行模式，就是建立了绿色建筑评价系统。

20世纪90年代以来，世界各国都发展了各种不同类型的绿色建筑评价系统，为绿色建筑的实践和推广做出了重大的贡献。目前国际上发展较成熟的绿色建筑评价系统有英国 BREEAM

（Building Research Establishment Environmental Assessment Method）、美国 LEED（Leadership in Energy and Environmental Design）、加拿大 GBC（Green Building Challenge）等，这些体系的架构和应用，成为其他各国建立新型绿色建筑评价体系的重要参考。

为了促进绿色建筑的发展与实践，美国绿色建筑委员会（U. S. Green Building Council-USGBC）于 1995 年建立了一套自愿性的国家标准 LEED TM（Leadership in Energy and Environmental Design，领导型的能源与环境设计），该体系用于开发高性能的可持续性建筑，进行绿色建筑的评级。

1990 年由英国的建筑研究中心（Building Research Establishment，BRE）提出的《建筑研究中心环境评价法》（Building Research Establishment Environmental Assessment Method，BREEAM）是世界上第一个绿色建筑综合评价系统，也是国际上第一套实际应用于市场和管理之中的绿色建筑评价办法。其目的是为绿色建筑实践提供指导，以期减少建筑对全球和地区环境的负面影响。

1998 年 10 月，由加拿大自然资源部发起，美国、英国等 14 个西方主要工业国共同参与的绿色建筑国际会议——"绿色建筑挑战 98"（Green Building Challenge' 98），目标是发展一个能得到国际广泛认可的通用绿色建筑评价框架，以便能对现有的不同建筑环境性能评价方法进行比较。我国在 2002 年参加了有关活动。

2001 年，由日本学术界、企业界专家、政府等三方面精英力量联合组成的"建筑综合环境评价委员会"，开始实施关于建筑综合环境评价方法的研究调查工作，开发了一套与国际接轨的评价方法，即 CASBEE（Comprehensive Assessment System for Building Environmental Efficiency）。

第二节　绿色建筑发展的途径与影响因素

发展绿色建筑的途径有很多,国家应该多角度、多途径发展绿色建筑,扩大绿色建筑面积。然而,绿色建筑在发展的过程中也受到多方面因素的制约,对于这些因素所带来的影响应该引起相关部门的注意,从而采取合理的措施克服发展过程中的困难,实现绿色建筑工程的顺利发展。

一、绿色建筑发展的途径

发展绿色建筑必须立足于现有的资源状况和现代的技术体系,用现代技术来解决现代人面临的问题,满足现代生活生产的需求。毋庸置疑,绿色建筑的环境效益和社会效益是有利于社会可持续发展的,但是由于其初始投资往往较高,通常不被投资商所看好。因此,要想实现绿色建筑的发展就必须把绿色建筑作为房地产业落实科学发展观、实现可持续发展的战略目标,从技术上再创新、制度上再完善、认识上再提高、市场上再开拓,在新建建筑全面推行绿色建筑标准的同时,加快既有建筑绿色化改造。具体来说,应注意把握好以下几点。

(一)加快技术创新,整合技术资源

绿色建筑的节能环保理念是通过很多技术体系来实现的,所以要加快绿色建筑技术的创新改进,并在此基础上,根据气候条件、材料资源、技术成熟程度以及对绿色建筑的功能定位,因地制宜,选择推广适应当地需要的、行之有效的建筑节能技术和材料。

(1)在技术创新上,要对太阳能、地热等可再生能源的技术,外墙保温技术,窗体的隔热保温以及密封技术等改进加大开发力度。

（2）在建材选择上，要依照节约资源能源和环境保护的原则，发展新型绿色建材，应尽量利用可再生的材料。

（3）在技术整合上，随着各种新技术的产生及发展，需要根据建筑物的功能要求，把不同的节能技术有机地整合，统筹协调，使其各自发挥应有的作用。

（二）加大宣传力度，完善政策法规

社会的发展已经决定了绿色建筑的发展，而绿色建筑的发展则要依靠人们对其的接受程度。因此，要在社会上大力宣传绿色建筑，让人们更多地认识到绿色建筑的优点，组织全社会都能参与其中，形成全民节能意识，使绿色建筑的发展更具活力。

由于绿色建筑市场是一个市场机制容易失灵的领域，尤其在既有住房节能改造、新能源的利用等方面，需要强有力的行政干预才能取得实质性进展。缺乏统一的协调管理机制会形成不良竞争局面，也会产生各种社会资源的浪费。

完善相关的政策法规，可以在很大程度上消除市场失灵对绿色建筑发展的消极影响，并且可以提高资源的配置效率。只有政策发挥好引导和规范作用，才有利于促进绿色建筑市场的健康发展。通过法律手段，绿色建筑体系的技术规划才能够转化为全体社会成员自觉或被迫遵循的规范，绿色建筑运行机制和秩序才能够广泛和长期存在。

（三）做好过程的监管

绿色建筑是从全生命周期出发的一个系统工程，因此绿色节能要贯穿于建筑物的规划、设计、施工、运行与维护，直到拆除与处理的全过程。这就需要每一个人都参与进来，以节能环保为原则，在建筑物的各个阶段都能达到节能、降耗、环保的要求。

（四）充分发挥市场竞争的作用

由于市场竞争环境的演变，房地产开发商向市场提供产品的

质量也必须有进一步的提升,绿色建筑已日益成为中国房地产从资本外延型向技术集约内涵式产业转化进程中一个重要的产品发展方向。

在市场经济条件下,绿色建筑将是一种商品,在这种前提下,其背后的利益主体共同构成了一条完整的产业链。只有市场机制才能将这些利益主体统一起来。要完善市场运行机制,使各个利益主体能够相互配合,调动各方面发展绿色建筑的积极性。试想如果利益主体不统一,那么绿色建筑的发展也将变为一纸空谈。

二、绿色建筑发展的影响因素

目前中国绿色建筑的发展仍然存在着许多制约因素,主要包括以下几种。

(一)缺乏对绿色建筑的准确认识

绿色建筑在我国的发展也有很长一段时间,但是人们对于绿色建筑的认识还有待提高。很大一部分人把绿色建筑技术看成割离的技术,缺乏整体的整合以及注重过程行为落实等更深层次的意识,而且在建筑行业中还未形成制度,较难成为自觉的行动。同时,绿色建筑的节能环保特性并不单指建筑师在建筑设计与规划中对各种节能技术的应用,而且包括建筑的使用者在日常生活中自觉的节能措施,如人走关灯、关电脑、节约用水、将空调温度调到 26℃ 等,这些都不是技术能解决的问题,而是一个人的意识问题、生活习惯问题。也正是因为对绿色建筑缺乏准确的认识,绿色建筑并未发挥其应有的作用。

(二)缺乏广泛的社会普及宣传

绿色建筑究竟是什么样的建筑?对于这个问题,大部分人都是模棱两可的,这也就对绿色建筑的发展起到了阻碍作用。绿色建筑有一定的社会性,这也决定了绿色建筑的发展必须立足于现代人的生活水平、审美要求和道德、伦理价值观。绿色建筑不仅要为人们所熟知,还要被人们所接受,否则不仅会增加绿色建筑在社会中推广的难度,甚至会产生一定的误解和抵触。而当前社会上缺乏广泛的绿色建筑普及和宣传,从而导致人们对绿色建筑的不了解,这对绿色建筑的发展显然是不利的。

(三)缺乏强有力的激励政策和法律法规

2011 年 5 月,虽然住房和城乡建设部发布了《中国绿色建筑行动纲要》,表示将全面推行绿色建筑"以奖代补"的经济激励政策,但是具体的政策措施尚未出台。部门的规章和奖励政策力度不够,导致开发企业对绿色建筑投入和产出经济效益主题分离,不能调动开发企业兴建绿色节能建筑的积极性,出现绿色建筑"叫好不叫座"的局面。

(四)行业缺乏对绿色建筑的认知

购买新的设备需要一定的前期投入,但实际上通过对这些设备的合理运用、调试以及搭配,可以从后面的节能上与前期投入达到平衡。然而,资金的回收往往需要一个过程,所以很多业主仍然倾向于一开始购买那些更便宜的设备。但是他们忽略了在整个绿色建筑的运营过程中,很多的初期投资是可以完全得到回收的,这就是对公众和业主在绿色建筑方面的教育。

(五)商业模式不健全

虽然我国的绿色建筑有一定的发展,然而其中所形成的商业模式依然缺乏完善,由此就成为国内绿色建筑发展的一种制约因素。要让人们理解绿色建筑是一个更加节能、更加环保的建筑体系,它可以带来长期的和绿色方面的回报,其回报远远高于在项目初期因购买廉价设备而节省的投资。我国的绿色建筑开始于城镇化高速发展的起步阶段,及时普及绿色建筑无疑是对我国财富的积累,对生态环境的保护,对经济社会健康发展有着深远的意义。绿色建筑也是一项利国利民的重要措施,因此要加大力度推广绿色建筑工作。

第三节 绿色建筑发展的前景分析

绿色建筑是将可持续发展理念引入建筑领域的结果,是转变建筑业增长方式的迫切需求,是实现环境友好型、建设节约型社会的必然选择,是探索建设建筑行业高投入、高消耗、高污染、低效益等问题的根本途径。因此,发展绿色建筑是历史的必然选择。在探讨绿色建筑发展前景之前,首先来简要了解一下绿色建筑可持续发展的历史。

一、绿色建筑的可持续发展分析

从历史的角度看,建筑的功能和形态总是与一定历史时期人类的建筑观念相适应的。

在原始社会,生产力水平低下,人类敬畏自然、依存自然。建筑仅是为遮风挡雨、获得安全而建造的庇护所,体现的只是其自然属性,属于自然的一部分,建筑对生态环境的影响也小。

在奴隶社会与封建社会时期,由于生产力发展,产品剩余导致商品经济,行业分工形成社会阶层,建筑逐渐被赋予了"权力"和"财富"的象征意义,或被单纯地奉为"艺术之母",体现出其社会属性和艺术价值。这一时期,人口增加,农业生产和建筑活动增强,人类大量砍伐森林和开垦土地,对自然造成了一定程度的危害,但尚未超出自然的承载能力,建筑活动的破坏性并不为人们所重视。

工业革命以来,一方面科学技术不断进步,使社会生产力空前提高,人口急剧增加,创造了前所未有的人类文明;另一方面,这种文明以工业化密集型机器大生产为标志,以大量资源消耗和环境损失为代价,又危及人类自身的生存。

1933年,《雅典宪章》中提出了城市的"四大功能"——居住、工作、游憩和交通,强调建筑活动的功能性。

20世纪50至70年代,由于经济、科技、信息、生活水平的进一步提高,人的需求成为建筑的重点,人文环境被提到了重要的地位,设计中注重人的特性、心理因素和行为模式等,注重新建筑与原有环境间的关系,出现了"整体设计"思想。

20世纪80年代以后,人们希望能探索出一种在环境和自然资源可承受基础上的发展模式,提出了经济"协调发展""有机增长""同步发展""全面发展"等许多设想,为可持续发展的提出作了理论准备。

1980年,世界自然保护联盟在《世界保护策略》中首次使用了"可持续发展"的概念,并呼吁全世界"必须研究自然的、社会的、生态的、经济的以及利用自然资源过程中的基本关系,确保全球的可持续发展"。

1981年第14届国际建协《华沙宣言》关于"建筑学是人类建立生活环境的综合艺术和科学"的认识,将传统建筑学引入了"环境建筑学"阶段。强调了环境的整体(自然环境、社会环境及人工环境)同建筑设计的关系。"建筑学是对环境特点的理解和洞察的产品",地域性是建筑存在的前提,表现为建筑的"地方性""地区性"及"民族性"。

1983年,21个国家著名的环境与发展问题专家组成了联合国世界环境与发展委员会(WECD)研究经济增长和环境问题之间的相互关系。经过4年调查研究,于1987年发表了《我们共同的未来》的长篇调查报告。报告从环境与经济协调发展的角度,正式提出了"可持续发展"的观念,并指出走"可持续发展"道路是人类社会生存和发展的唯一选择。可持续发展观是人类经过长期探索,吸取了以往发展道路的经验教训,根据多年的理论和实际研究而提出的一种崭新的发展观和发展模式。它一经提出,即成为全世界不同社会制度、不同意识形态、不同文化群体人们的共识,成为解决环境问题的根本指导思想和原则。

1992年6月,在巴西里约热内卢召开了联合国环境与发展会议。这次会议通过了《里约环境与发展宣言》(又名《地球宪章》)和《21世纪议程》两个纲领性文件以及《关于森林问题的原则声明》,签署了《气候变化框架公约》和《生物多样性公约》。这次大会的召开及其所通过的纲领性文件标志着可持续发展已经成为人类的共同行动纲领。

1998年签订的《京都议定书》和2009年的"哥本哈根国际气候变化峰会"把控制碳排放量作为处理地球环境恶化问题的解决方法。可持续发展的方式要求在发展过程中,既可以满足我们这一代人的需要,又不影响下一代发展的需要。保障下一代使用资源的权利的基础是合理地使用资源和减少对环境的影响。

"可持续发展"的核心内容是人类社会、经济文化、自然环境的和谐共生与协同发展,是将资源、环境、生态三者进行综合整体考虑的新的观点。"可持续发展"观念成为建筑领域里的新观念。作为一种全新的建筑观,可持续发展观为建筑学理念的发展树立了新的里程碑,正在全球范围内引发一场新的建筑变革。

任何建筑形式的产生和发展都是社会经济发展过程的物化表现,每种形式都存在时代的烙印并反映时代特征,而一定时期的社会经济、政治、思想等的综合作用又影响着建筑设计的理念。

时代在发展,社会在进步,我们传统的经济结构、生产方式、工作和生活方式以及我们的思想观念都发生了很大的变化,建筑设计理念也在发生着相应的改变。不断上涨的油价、建筑材料的过度使用,生活中供暖、空调等方面的大量耗能,都对环境造成了严重的影响。

1996年3月,我国八届人大四次会议通过的《中华人民共和国国民经济和社会发展"九五"计划和2010年远景目标纲要》明确把"实施可持续发展,推进社会主义事业全面发展"作为我们的战略目标。

可持续发展原则的基本理念契合了当代国际社会均衡发展的需要,是解决当前社会利益冲突和政策冲突的基本原则。具体而言,可持续发展原则包含以下四项核心理念。

（1）代际公平原则。

（2）可持续利用原则。

（3）公平利用原则。

（4）一体化发展原则。

可持续发展要求将环境因素纳入经济和发展计划以及决策过程之中。随着可持续发展进程的逐步扩大,绿色建筑设计理念的提出顺应时代的潮流。绿色建筑遵循可持续发展原则,强调建筑与人文、环境及科技的和谐统一,是21世纪世界建筑可持续发展的必然趋势。

二、绿色建筑发展的前景分析

绿色建筑可以说是由资源与环境组成的,所以绿色建筑的设计理念一定涉及资源的有效利用和环境的和谐相处。

（一）建筑的节约资源理念

最大限度地减少对地球资源与环境的负荷和影响,最大限度地利用已有资源。在建筑生产及使用过程中,需要消耗大量自然资源,为了抑制自然资源的枯竭,需要考虑资源的合理使用和配置,提高建筑物的耐久性,合理地使用当地的材料,减少资源消耗以及抑制废弃物的产生。

（1）节约用水,设置污水处理设备,进行污水回用。

（2）选用低能耗可再生环保型材料,减少木材的使用。

（3）充分利用建筑资源,包括对建材生产废料、建材包装废料、旧建筑利用、建筑设施共用、施工废弃物减量、拆除废弃物的再利用。

在建筑设计时应考虑到通过建筑物的长寿命化来提高资源

的利用率,通过建设实用、耐久、抗老化的建筑,将近期建设与长久使用有机结合。

（二）建筑的环保理念

保护环境是绿色建筑的目标和前提,包括建筑物周边的环境、城市及自然大环境的保护。社会的发展必然带来环境的破坏,而建筑对环境产生的破坏占很大比重。一般建筑实行商品化生产,设计实行标准化、产业化,这样就在生产过程中很少去考虑对环境的影响。

绿色建筑强调尊重本土文化、自然、气候,保护建筑周边的自然环境及水资源,防止大规模"人工化",合理利用植物绿化系统的调节作用,增强人与自然的沟通。例如:

（1）减少温室气体排放,提高室内环境质量,进行废水、垃圾处理,实现对环境的零污染。

（2）建筑内部不使用对人体有害的建筑材料和装修材料,尽量采用天然材料。

（3）室内空气清新,温、湿度适当,使居住者感觉良好。

（4）土壤中不存在有毒、有害物质,地温适宜,地下水纯净,地磁适中。

（三）建筑的节能理念

一般建筑的节能意识和节能能力要弱一些,并且还会产生一定的环境污染。绿色建筑克服了一般建筑的这一弱势,将能耗的使用在一般建筑的基础上降低70%—75%,并减少对水资源的消耗与浪费。绿色建筑在设计过程中通常会充分考虑以下方面,运用传统的技术手段来实现节能降耗的目标。

（1）利用太阳能等可再生能源来实现能量的供给。

（2）采用节能的建筑围护结构来减少供暖以及空调的使用。

（3）合理布置窗户的位置以及窗户形状的大小。

（4）根据自然通风的原理设置风冷系统,使建筑能够有效地利用夏季的主导风向。

（5）采用适应当地气候条件的平面形式及总体布局。

（6）建筑材料的使用在不以破坏自然环境为前提的条件下，尽可能地使用当地的自然材料以及一些新型环保材料和可循环利用的材料。

（四）建筑的和谐理念

一般建筑的设计理念都是封闭的，即将建筑与外界隔离。而绿色建筑强调在给人营造"适用""健康""高效"的内部环境的同时也要保证外部环境与周边环境的融合，利用一切自然、人文环境和当地材料，充分利用地域传统文化与现代技术，表现建筑的物质内容和文化内涵，注重人与人之间感情的联络；内部与外部可以自动调节，和谐一致、动静互补，追求建筑和环境生态共存。从整体出发，通过借景、组景、分景、添景等多种手法，创造健康、舒适的生活环境，与周围自然环境相融合，强调人与环境的和谐。

根据《绿色建筑行动方案》提出的要求，要完成新建绿色建筑 10 亿 m^2、改造近 6 亿 m^2。既有建筑的目标，"十二五"期间至少将带动绿色建材消费约两万亿元。尽管绿色建材已经成为建材行业的"新宠"，业内对其未来发展寄予厚望。然而，绿色建材的现状却也同样令人担忧。"目前绿色建材发展滞后，标准规范更加滞后，绿色建材发展与应用推广力度不够。"中国民主同盟中央常委李竞先表示，以标准规范为抓手，促进绿色建材发展和应用，既有利于生产环节的节能减排，也有利于使用环节的节能环保和安全延寿。

实际上，在《绿色建材评价标识管理办法》正式发布前，我国并没有专门的绿色建材标准，部分节能防火建材标准也存在不统一的问题。以防火材料为例，消防部门的评价标准与住建部门的评价标准就不统一，这样的情况常导致执行过程中出现漏洞。

《2014—2018 年中国绿色建筑行业市场调查研究报告》显示，截至 2012 年，全球累计 LEED 认证项目已经达到 16 060 个，注册项目 29 479 个。截至 2013 年上半年, LEED 项目已经遍布 140 个国家和地区, 每天有 150 万 m^2 的建筑面积获得 LEED 认证, 一周的总建筑面积相当于接近 4 个帝国大厦。LEED 认证商用项目级别分布: 铂金级 1 281 个, 金级 7 686 个, 银级 6 243 个, 认证级 3 825 个。

发改委和住建部曾明确提出, 2011—2015 年完成新建绿色建筑 10 亿 m^2。我国目前既有建筑面积达 500 多亿 m^2, 同时每年新建 16 亿—20 亿 m^2。我国建筑 95% 以上是高耗能建筑, 如果达到同样的室内舒适度, 单位建筑面积能耗是同等气候条件发达国家的 2—3 倍。对既有建筑进行节能改造, 节能减排潜力巨大。

第二章 绿色建筑设计的基本原理

城市规划是城市建设的总纲,建筑设计是落实城市规划的重要步骤。因此绿色建筑设计必须在城市规划的指导下,充分考虑城市、环境等诸多因素。本章将对绿色建筑设计的依据、要求、内容、原则、程序、方法展开研究与分析。

第一节 绿色建筑设计的依据与要求

一、绿色建筑设计的依据

（一）人体工程学和人性化设计

绿色建筑不仅仅是针对环境而言的,在绿色建筑设计中,首先必须满足人体尺度和人体活动所需的基本尺寸及空间范围的要求,同时还要对人性化设计给予足够的重视。

1. 人体工程学

人体工程学,也称人类工程学或工效学,是一门探讨人类劳动、工作效果、效能的规律性的学科。按照国际工效学会所下的定义,人体工程学是一门"研究人在某种工作环境中的解剖学、生理学和心理学等方面的各种因素;研究人和机器及环境的相互作用;研究在工作中、家庭生活中和休假时怎样统一考虑工作效率、人的健康、安全和舒适等问题的科学"。

建筑设计中的人体工程学主要内涵是：以人为主体,通过运用人体、心理、生理计测等方法和途径,研究人体的结构功能、心理等方面与建筑环境之间的协调关系,使得建筑设计适应人的行为和心理活动需要,取得安全、健康、高效和舒适的建筑空间环境。

2.人性化设计

人性化设计在绿色建筑设计中的主要内涵为：根据人的行为习惯、生理规律、心理活动和思维方式等,在原有的建筑设计基本功能和性能的基础之上,对建筑物和建筑环境进行优化,使其使用更为方便舒适。换言之,人性化的绿色建筑设计是对人的生理、心理需求和精神追求的尊重和最大限度的满足,是绿色建筑设计中人文关怀的重要体现,是对人性的尊重。

人性化设计意在做到科学与艺术结合、技术符合人性要求,现代化的材料、能源、施工技术将成为绿色建筑设计的良好基础,并赋予其高效而舒适的功能,同时,艺术和人性将使得绿色建筑设计更加富于美感,充满情趣和活力。

(二)环境因素

绿色建筑的设计建造是为了在建筑的全生命周期内,适应周围的环境因素,最大限度地节约资源,保护环境,减少对环境的负面影响。绿色建筑要做到与环境的相互协调与共生,因此在进行设计前必须对自然条件有充分的了解。

1.气候条件

地域气候条件对建筑物的设计有最为直接的影响。例如：在干冷地区建筑物的体型应设计得紧凑一些,减少外围护面散热的同时利于室内采暖保温；而在湿热地区的建筑物设计则要求重点考虑隔热、通风和遮阳等问题。在进行绿色建筑设计时应首先明确项目所在地的基本气候情况,以利于在设计开始阶段就引入"绿色"的概念。

日照和主导风向是确定房屋朝向和间距的主导因素,对建筑物布局将产生较大影响。合理的建筑布局将成为降低建筑物使用过程中能耗的重要前提条件。如在一栋建筑物的功能、规模和用地确定之后,建筑物的朝向和外观形体将在很大程度上影响建筑能耗。在一般情况下,建筑形体系数较小的建筑物,单位建筑面积对应的外表面积就相应减小,有利于保温隔热,降低空调系统的负荷。住宅建筑内部负荷较小且基本保持稳定,外部负荷起到主导作用,外形设计应采用小的形体系数。对于内部发热量较大的公共建筑,夏季夜间散热尤为重要,因此,在特定条件下,适度增大形体系数更有利于节能。

2. 地形、地质条件和地震烈度的影响

对绿色建筑设计产生重大影响的还包括基地的地形、地质条件以及所在地区的设计地震烈度。基地地形的平整程度、地质情况、土特性和地耐力的大小,对建筑物的结构选择、平面布局和建筑形体都有直接的影响。结合地形条件设计,保证建筑抗震安全的基础上,最大限度的减少对自然地形地貌的破坏,是绿色建筑倡导的设计方式。

3. 其他影响因素

其他影响因素主要指城市规划条件、业主和使用者要求等因素,如航空及通信限高、文物古迹遗址、场所的非物质文化遗产等。

(三)建筑智能化系统

绿色建筑设计中不同于传统建筑的一大特征就是建筑的智能化设计,依靠现代智能化系统,能够较好地实现建筑节能与环境控制。绿色建筑的智能化系统是以建筑物为平台,兼备建筑设备、办公自动化及通信网络系统,是集结构、系统服务、管理等于一体的最优化组合,向人们提供安全、高效、舒适、便利的建筑环境。而建筑设备自动化系统(BAS)将建筑物、建筑群内的电力、照明、空调、给排水、防灾、保安、车库管理等设备或系统构成综合系统,以便集中监视、控制和管理。

建筑智能化系统在绿色建筑的设计、施工及运营管理阶段均可起到较强的监控作用,便于在建筑物的全生命周期内实现控制和管理,使其符合绿色建筑评价标准。

二、绿色建筑设计的要求

我国是一个人均资源短缺的国家,每年的新房建设中有80%为高耗能建筑,因此,目前我国的建筑能耗已成为国民经济的巨大负担。如何实现资源的可持续利用成为急需解决的问题。随着社会的发展,人类面临着人口剧增、资源过度消耗、气候变暖、环境污染和生态被破坏等问题的威胁。在严峻的形势面前,对快速发展的城市建设而言,按照绿色建筑设计的基本要求,实施绿色建筑设计,显得非常重要。

(一)绿色建筑设计的功能要求

构成建筑物的基本要素是建筑功能、建筑的物质技术条件和建筑的艺术形象。其中建筑功能是三个要素中最重要的一个,它是人们建造房屋的具体目的和使用要求的综合体现。如居住、饮食、娱乐、会议等各种活动对建筑的基本要求,这是决定建筑形式、建筑各房间的大小、相互间联系方式等的基本因素。绿色建筑设计实践证明,满足建筑物的使用功能要求,为人们的生产生活提供安全舒适的环境,是绿色建筑设计的首要任务。例如在设计绿色住宅建筑时,首先要考虑满足居住的基本需要,保证房间的日照和通风,合理安排卧室、起居室、客厅、厨房和卫生间等的布局,同时还要考虑到住宅周边的交通、绿化、活动场地、环境卫生等方面的要求。

（二）绿色建筑设计的技术要求

现代建筑业的发展，离不开节能、环保、安全、耐久、外观新颖等方面的设计因素，绿色建筑作为一种崭新的设计思维和模式，应当根据绿色建筑设计的技术要求，提供给使用者有益健康的建筑环境，并最大限度地保护环境，减少建造和使用中各种资源的消耗。

绿色建筑设计的基本技术要求，包括正确选用建筑材料，根据建筑物平面布局和空间组合的特点，采用当今先进的技术措施，选取合理的结构和施工方案，使建筑物建造方便、坚固耐用。例如，在设计建造大跨度公共建筑时采用的钢网架结构，在取得较好外观效果的同时，也可获得大型公共建筑所需的建筑空间尺度。

（三）绿色建筑设计的经济要求

建筑物从规划设计到使用拆除，均是一个物质生产的过程，需要投入大量的人力、物力和资金。在进行建筑规划、设计和施工过程中，应尽量做到因地制宜、因时制宜，尽量选用本地的建筑材料和资源，做到节省劳动力、建筑材料和建设资金。设计和施工需要制订详细的计划和核算造价，追求经济效益。建筑物建造所要求的功能、措施要符合国家现行标准，使其具有良好的经济效益。

建筑设计的经济合理性是建筑设计中应遵循的一项基本原则，也是在建筑设计中要同时达到的目标之一。由于可用资源的有限性，要求建设投资的合理分配和高效性。这就要求建筑设计工作者根据社会生产力的发展水平、国家的经济发展状况、人民生活的现状和建筑功能的要求等因素，确定建筑的合理投入和建造所要达到的建设标准，力求在建筑设计中做到以最小的资金投入，去获得最大的使用效益。

(四)绿色建筑设计的美观要求

建筑是人类创造的最值得自豪的文明成果之一,在一切与人类物质生活有直接关系的产品中,建筑是最早进入艺术行列的一种。人类自从开始按照生活的使用要求建造房屋以来,就对建筑产生了审美的观念。每一种建筑的风格的形式,都是人类为表达某种特定的生存理念及满足精神慰藉和审美诉求而创造出来的。建筑审美是人类社会最早出现的艺术门类之一,建筑中的美学问题也是人们最早讨论的美学课题之一。

建筑被称为"凝固的音符",充满创意灵感的建筑设计作品,是一座城市的文化象征,是人类物质文明和精神文明的双重体现,在满足建筑基本使用功能的同时,还需要考虑满足人们的审美需求。绿色建筑设计则要求建筑师设计出兼具美观和实用的产品,设计出的建筑物除了要满足基本的功能需求之外,还要具有一定的审美性。

第二节　绿色建筑设计的内容与原则

一、绿色建筑设计的内容

绿色建筑的设计内容远多于传统建筑的设计内容。绿色建筑的设计是一种全面、全过程、全方位、联系、变化、发展、动态和多元绿色化的设计过程,是一个就总体目标而言,按照轻重缓急和时空上的次序先后,不断地发现问题、提出问题、分析问题、分解具体问题、找出与具体问题密切相关的影响要素及其相互关系,针对具体问题制定具体的设计目标,围绕总体的和具体的设计目标进行综合的整体构思、创意与设计。根据目前我国绿色建筑发展的实际情况,一般来说,绿色建筑设计的内容主要概括为综合设计、整体设计和空间设计三个方面。

（一）绿色建筑的综合设计

所谓绿色建筑的综合设计，是指技术经济绿色一体化综合设计，就是以绿色化设计理念为中心，在满足国家现行法律法规和相关标准的前提下，在进行技术上的先进可行和经济的实用合理的综合分析的基础之上，结合国家现行有关绿色建筑标准，按照绿色建筑的各方面的要求，对建筑所进行的包括空间形态与生态环境、功能与性能、构造与材料、设施与设备、施工与建设、运行与维护等方面内容在内的一体化综合设计。

在进行绿色建筑的综合设计时，要注意考虑以下方面：进行绿色建筑设计要考虑到建筑环境的气候条件；进行绿色建筑设计要考虑到应用环保节能材料和高新施工技术；绿色建筑是追求自然、建筑和人三者之间和谐统一；以可持续发展为目标，发展绿色建筑。

绿色建筑是随着人类赖以生存的自然界，不断濒临失衡的危险现状所寻求的理智战略，它告诫人们必须重建人与自然有机和谐的统一体，实现社会经济与自然生态高水平的协调发展，建立人与自然共生共息、生态与经济共繁荣的持续发展的文明关系。

（二）绿色建筑的整体设计

所谓绿色建筑的整体设计，是指全面全程动态人性化的整体设计，就是在进行建筑综合设计的同时，以人性化设计理念为核心，把建筑当作一个全生命周期的有机整体来看待，把人与建筑置于整个生态环境之中，对建筑进行的包括节地与室外环境、节能与能源利用、节水与水资源利用、节材与绿色材料资源利用、室内环境质量和运营管理等方面内容在内的人性化整体设计。

整体设计对绿色建筑至关重要，必须考虑当地的气候、经济、文化等多种因素，从 6 个技术策略入手：首先要有合理的选址与规划，尽量保护原有的生态系统，减少对周边环境的影响，并且充分考虑自然通风、日照、交通等因素；要实现资源的高效循环利用，尽量使用再生资源；尽可能采取太阳能、风能、地热、生物能等自然能源；尽量减少废水、废气、固体废物的排放，采用生态技术实现废物的无害化和资源化处理，以回收利用；控制室内空气中各种化学污染物质的含量，保证室内通风、日照条件良好；绿色建筑的建筑功能要具备灵活性、适应性和易于维护等特点。

（三）绿色建筑的空间设计

1.建筑外部空间环境的要素

（1）空气

新鲜的空气是人体健康的必要保证，室内微环境的舒适度在很大程度上依赖于室内温、湿度以及空气洁净度、空气流动的情况。据统计，50%以上的室内环境质量问题是由于缺少充分的通风引起的。为此，必须将自然通风作为生态化原则中的一条标准。

图2-1系统可以提供人体健康所需的新鲜空气，通过安装在卧室、室厅或起居室窗户上的新风口进入室内时，会自动除尘和过滤。

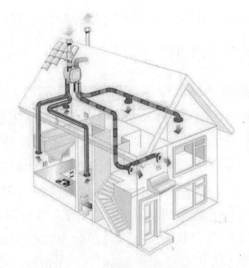

图2-1　室内空调系统设计

（2）光

光环境与居民的户外活动有着密切的联系,影响着居民的身心健康。为了促进居民的户外活动,居住区景观空间应尽可能营造良好的光环境(图2-2)。

图2-2　灯光

良好的居住区光环境,不仅体现在最大限度地利用自然光,还要从源头控制光污染的产生(图2-3—图2-6)。

图2-3　自然光

图 2-4　灯光

图 2-5　灯光

图 2-6　灯光

有条件时宜采取采光井、采光天窗、下沉广场、半地下室和设置导光管、反光板、反光镜、集光装置、棱镜窗、导光光纤等措施改善采光不足的建筑室内和地下空间的天然采光效果（图2-7）。

图2-7　天然采光

（3）色

①观察和运用自然色彩

自然色彩就是大自然中的色彩,指自然发生而不依存于人或社会关系的纯自然事物所具有的色彩。如薄暮的黄昏、艳阳的正午,黄色调的沙漠、蓝色调的大海、棕褐色的秋季、银灰色的冬季……自然色彩是变化无穷的,它们在昼夜、春夏等自然变更中会呈现出不同的色彩面貌。

在科学技术高速发展的现代社会,人们的视野已扩展到包括整个宇宙在内的宏观世界和微观世界。通常我们又把自然色彩归纳为动物色彩、植物色彩、风景色彩等。

人们记住孔雀一定是因为它迷人的孔雀蓝,提起老虎肯定会想到色彩斑斓的虎纹,物种繁多的动物世界给了我们一个色彩万花筒。达尔文的进化论观点告诉我们,动物的色彩与它们的生存繁衍有着密切的关系。例如,蝴蝶身上的色彩有些酷似枯叶,便于在树丛生活,有保护自身的作用;有些色彩图案形似一对大眼睛,小鸟来啄食时乍一见,还以为是什么猛禽藏在这里,就在它迟疑的瞬间,蝴蝶已溜之大吉——这种色彩及图案为它赢得了逃跑的时间。为了和自己生活的环境相适应,动物们都穿上了色彩伪装。这些有着漂亮翅膀及花斑的昆虫,羽毛颜色丰富的鸟类,色泽多样的鱼类等,动物生动、奇妙的色彩及其组合,加上不同肌理的表现,给我们提供了一个学习和研究色彩的天然宝库(图2-8)。

图2-8 动物色彩

　　人类与植物有着千丝万缕的关联,从远古时代人们食野果裹腹、披树皮遮羞御寒,到用苎麻纺纱、用靛蓝草染布,植物用它的花、叶、果、茎丰富着人类的生活。当我们看到红色的木棉、梅花、美人蕉,紫色的丁香、牵牛花,粉红的海棠、荷花,黄色的迎春花、菊花……我们往往被它们缤纷的色彩所吸引。植物色彩,为人们的物质与精神生活提供了最直观和便捷的资源(图2-9)。

图2-9 植物色彩

　　四季交替、日月更迭,大自然赋予人们变幻莫测的时空,于是便有了各种应时风景。人类享受着自然的恩惠,自然的风景也是最能给予人精神慰藉的。从某种意义上来说,风景与人类的生活息息相关,甚至能塑造一个民族的性情。

　　大自然的色彩缤纷而绚丽,赋予我们生活的热情,激发我们创作的灵感。湖水亦真亦幻的色彩随着微风吹拂,变幻莫测,大自然就是最高明的色彩大师。

　　②遵循配色规律

　　配色参考。任何好的色彩搭配都可作为参考,一方面注意自然界中好的配色,如动物、植物等;另一方面注意人工配色实例,如服装、玩具、绘画、室内设计典范等。学习合理搭配色彩的最好方法是观察,随时记下各种颜色的组合情况,它有助于你增加对颜色的认识,如好的衣物色彩搭配可以为室内配色提供有益的参考。另外,当你在选购油漆、布料时,要充分考虑到人造光与自然光的差异,所以必须经过仔细的比较,在不同光线下进行观察再作选择。

　　根据玩具的色彩进行的空间色彩搭配,图中的玩具小熊色彩很协调,它是由深蓝、绿、米色组成,依照小熊的色彩进行色彩搭配,则室内构成和小熊一样可爱、协调(图 2-10)。

图 2-10　根据玩具熊色彩进行的室内色彩搭配

　　根据标准色进行空间色彩搭配,可适用于各种办公室、店铺的设计。图中的咖啡厅很明显是以黄色、黑色为标准色,从标牌、墙面到员工服饰,都围绕这两种颜色来进行调配,给人整体鲜明的视觉印象(图 2-11)。

图 2-11　根据标准色进行的色彩搭配

配色面积。原则上大面积色彩应降低彩度(如墙面、天花板),小面积色彩应提高彩度(如陈设品等附属配件)。明亮、弱色应扩大面积,暗色、强烈色彩应缩小面积。但当设计在强调打破平衡做法时,也往往采用与此相反的手法来取得特殊的效果。同样是白、黑、蓝三色,它们的比例不同所带给人的视觉感受也会不同,所以在参考配色实例时,同时也要注意其色彩面积的比例。

下例中,同是黄色调的室内色彩设计,由于配色面积比例不同,带给人的环境感受也不相同。

图 2-12　配色面积

配色原则。配色时应与使用环境的功能要求、气氛意境相适宜,并用色调来创造其整体效果,要尊重使用者的性格和爱好,要考虑与室内构造、风格样式的协调,要考虑照明方式带来的色彩变化,要考虑与相邻房间的有机联系等,另外要尽量限定色数(图2-13)。

图2-13   色彩与环境气氛相适宜

(4)声环境

居住区规划设计中,必须保证住宅声环境的质量,为居民提供宁静的居住环境,这也是"生态住区""绿色住宅"的重要标志。

城市居住区白天的噪声允许值宜控制在45dB左右,夜间噪声允许值在40dB左右。靠近噪声污染源的居住区应通过设置隔声屏障、人工筑坡、植物种植、水景造型、建筑屏障等进行防噪。

(5)温湿度环境

一个好的居住环境,必须有适宜的温度,实验表明,气候温度环境应低于人体温度,如保持在24—26℃的范围内最佳,这就要求我们在选择居住区基址时,尽量考虑到温度的舒适性,避开高温高寒的地方,并通过景观环境的规划和设计等措施来争取舒适的、自然的温度环境。

湿度是表示大气干燥程度的物理量。一定的温度下在一定体积的空气里含有的水汽越少,则空气越干燥;水汽越多,则空气越潮湿,不含水蒸气的空气被称为干空气。在气象学中,大气湿度一般指的是空气的干湿程度,通常用两种表达方法,一是绝对湿度,也就是空气中所含的水分的绝对值(大气中的水蒸气可以占空气体积的 0—4%);二是相对湿度,是指空气中实际所含水蒸气密度和同温下饱和水蒸气密度的百分比,用 RH 表示。

图 2-14　通过人工湖增加大气湿度

2. 建筑外部空间环境的设计

针对具体的环境设计作出合理的功能分析和平面布局基本关系,是室外环境设计的基础,这缘于功能对室外环境诸要素的制约和影响。

首先,室外环境的功能决定了户外空间的性质,例如同样是广场,或是缅怀历史的纪念广场,或是休闲娱乐的市民广场,或是购物餐饮的商业广场,在空间布局、环境氛围等方面都体现着不同的要求。其次,室外环境的功能直接影响到空间的面积是大是小、空间的形状是规则还是不规则、空间形态是开敞还是封闭等各项设计要素。因此,准确把握室外环境的功能性质,了解其具体的使用方式,才能明确设计目标,满足设计要求。

在明确了环境的性质和空间的大小、形状等总体要求后,就需要进行具体的功能区域布局。一般来说，一个户外空间总是具有多种功能，如一个城市公园通常包括游览区、观演区、休息区、餐饮区等多种功能区，应根据不同的功能用途进行相应的区域划分。总体来说，户外环境通常包括五大类功能区域：动区、静区、动静结合区、后勤管理区和入口区。动区是开放性强、外向的空间，适合多人集会、观看表演等；静区私密性和内向性强，适合休憩、漫步、恋人私语、好友交谈等；动静结合区将动静活动并列兼容于同一空间区域，不同的活动内容和不同时段呈现出外向或内向特征；入口区通常具有多重功能，如人流集散、停车、对内部空间的引导暗示等；管理区域一般可设在临近主要出入口且相对隐秘之处。具体的功能区域布局，应将具体功能对应五大功能区域进行归类整理，要做到动与静、公共与私密、开敞与封闭的分区布置，还要注意各个区域间的联系，以及人流动线的通畅与便利。

（1）户外空间限定的方法

空间是无形的，是"虚体"，限定空间的要素才是有形的"实体"。通常我们说，界面的围合"形成"了空间。事实上，空间是客观存在的，并不是人为产生的，是我们通过各种方式，综合运用点、线、面、体的实体要素，从无限的宇宙空间中限定出特定的有限空间。因此，人们对空间的感知，基本是依靠限定空间的各形式要素而实现的。按限定空间的实体要素种类来分，户外空间限定的方法主要有以下三种。

①水平要素限定

运用底界面材质的对比。利用不同的地面材质，也是形成空间区域感的有效手段。比如人工硬质的铺地与天然的草坪、水体之间差异，很容易划分出各自的空间。而同为硬质铺地，也可以通过色彩和材料质感的对比来形成空间区域。这种手法既限定了空间，又保持了原有空间的连续性。比如，地面材质的区别可以清楚地表示出人行道、车道、娱乐游玩区、休憩观赏区等不同的功能区域。

运用底界面的高差。地面的高差可以清楚地表明功能区域的不同,比如可以通过几个台阶产生的高差来实现车行路线与人行区域的划分。地面的高差可以形成不同的空间领域感,比如下沉空间的空间感较强,如果下沉有一定的高度,更能有向心和封闭的空间感受,如图2-15所示。

图2-15　延中绿地

②垂直要素限定

垂直线要素:户外空间的垂直线要素很多,人工构筑的如柱子、塔等,自然的如一棵棵的树木。

线要素往往会成为视觉的中心,如广场上的纪念碑;连续排列的线要素,可以成为划分空间的无形的界面,如图2-16所示。

图2-16　圣彼得大教堂广场柱廊

垂直面要素。户外空间中垂直的面主要有建筑的外立面、围墙、密植的植物等。面要素常成为空间景物的背景和轮廓,有时也是观赏面。如图 2-17 中的园墙,作为背景衬托出其前的草木山石,犹如一幅画卷。景墙划分了空间,而自身所有的浮雕或图案等艺术装饰,也成为环境中的一景。密植的植物,绿篱所围合的空间,组织了人流通行,又保持了空间的通透。

图 2-17　作为背景的墙面

③其他要素限定

运用灯光照明。在夜晚,通过灯光形成的色彩、明暗等各种变化,可以限定不同的空间区域,同时可以调节环境气氛。现代城市中的广场、商业街等各种户外环境,都越来越多地采用这种手法,如图 2-18 所示。

图 2-18　凯旋门夜景

运用环境设施和公共艺术品等。一座雕塑、一组喷泉或是游乐设施,都会形成一定的空间区域,吸引人们在其空间领域中观赏或游玩。休息座椅也是非常重要的空间限定要素,良好的座椅设计和合理的布置,使人们愿意逗留休息,进而相互交流,增强了空间的场所感,如图 2-19 所示。

图 2-19　拉德方斯

（2）室外空间形态的设计

①空间的二维形态

空间的二维形态主要分平面形状和布局形式两方面,是人们感知户外空间形态的主要途径。平面形状是指空间在平面上的几何形状,构图形式则是从整体上对空间的划分和布局。各种布局形式和形状各具特色,在设计时,应结合户外空间性质、功能、周边环境等综合考虑。如纪念性的广场,平面形状常常设计成方整对称的矩形,并采用对称式的规则布局,从而营造出肃穆、端庄的空间氛围。公园绿地等则通常具有不对称的布局形式,并结合曲线等不规则的形状,创造出活泼、变化、富有趣味的空间环境。

②空间的三维形态

空间的三维形态主要体现在空间的剖面形式上。对于户外空间来说,主要是指地面的高低起伏所带来的剖面上的变化,表现为三种形式：平坦地形、凸起地形和凹型地形，如图2-20所示。

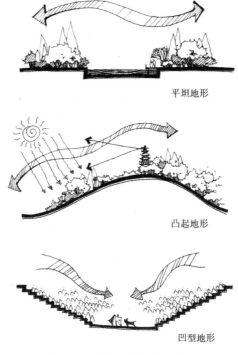

平坦地形

凸起地形

凹型地形

图2-20 空间三维形态的类型

平坦地形。坡度起伏很缓，缺乏私密性和安定的围合感，具有强烈的视觉连续性和统一感。因其具有宁静、悦目的特点，常常设置草坪、平静的水面等。同时，平坦的地形还具有多方向性，布置在其上的各设计要素，往往具有很强的延伸性或多向性。通常需要在平坦地形中设置体量较大、颜色鲜艳的物体作为趣味中心，形成视觉焦点；也可依靠各种垂直要素进行空间的划分，形成不同层次的私密性空间。

凸起地形。如山丘、缓坡等，相对于平坦地形更具动感和变化，在一定区域内可形成视觉中心。地形高起的地方，往往具有良好的视野，因此常设置构筑物等，以便人们远眺观景，或栽种植物等，突出其视觉焦点的地位。另外，凸起的地形对室外环境的微气候具有一定的调节作用，如东南朝阳的坡向，在冬季能获得直接的光照，且避开了寒冷的西北风，是宜人的活动场所，反之，北向的斜坡则不宜大面积开发。

凹型地形。与凸起地形相反,两个凸起地形相连接可形成凹型地形,或是将平坦地形局部下沉形成凹型地形。这种地形具有内向性和围合感,形成一个相对不受干扰的空间,给人以稳定和安全感,可用作观演空间,形成理想的天然表演舞台。另外,周围的斜坡一定程度上抵挡了外界直接吹袭而来的风,在冬季,阳光直射到斜坡而使地形内温度升高,形成了适宜活动的小环境。

③空间的尺度

空间的尺度是指空间与人体之间的大小关系以及空间各组成部分之间的大小关系。户外空间的尺度相对于人来说一般显得过大,因此对空间进行围合划分,限定出与人体尺度相适宜的空间,显得尤其重要。芦原义信在《外部空间设计》一书中提出人在户外空间中舒适的亲密距离为16—24m,正好是人们可以相互看见脸部的距离。另外,芦原义信还提出了"外部模数理论":外部空间可采用20—25m的模数,每20—25m,就有意识地做出一些变化,或是尺度上、材质上、地面高度的变化,或是产生重复的节奏感,从而打破大空间的单调和空旷,使户外空间变得生动活泼,更为宜人。

景色的分区。具有一定规模的室外环境通常由若干个景点或景区构成。景色的分区,即景点或景区的划分,应有主有次、重点突出,主景区并不一定是最大的区域,但其内容却最丰富有趣。各景点、景区之间应各自相对独立、主题特色鲜明,相互之间还应相互衬托,过渡自然。值得注意的是,景色的分区与功能的分区既有区别,又有联系,前者较后者更为细致。有时两者相一致,有时一个功能区域内会包含若干个景点或景区。

景色的序列和空间的处理。景色的展示必须有一个顺序的考虑,如同文学作品的展开一样,也是一个起承转合的动态过程,这样的观赏才会引人入胜。常见的景序有:序景—起景—发展—转折—高潮—结景、序景—起景—发展—转折—高潮—转折—收缩—结景等。一般来说,景色的分区与景序的展开是相对应的,一般将主要的景点或景区安排在景序的转折、高潮等阶段,次要的景点或景区安排在起景或结景等阶段。图2-21为苏州留园的空间序列分析图。从入口到B点折廊部分的封闭、狭长、曲折,视野极度收束;至E点绿荫处,豁然开朗,达到高潮;过F点曲溪楼、西楼时再度收束;至G点五峰仙馆前院又稍开朗;穿越H点石林小院视野又一次被收束;至L点冠云楼前院则顿觉开朗;至此,可经园的西、北回到中央部分,从而形成一个序列的循环。

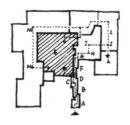

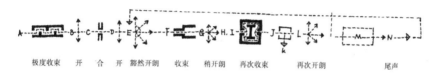

图2-21　留园的空间序列分析图

序列组织最关键的问题在于空间的处理。序列中的不同节点对应的各个景区一般也具有不同的空间形态。空间的组织应符合景序的顺序安排,根据功能的需要,结合地形、人流活动特点来安排。巧妙运用空间上的各种处理手法,诸如空间的开敞与封闭、大与小、疏与密的对比,以及景与景之间的藏与露、简与繁、聚与散之间的关系,有效地烘托和强化景序,使之具有抑扬顿挫的节奏感。此外,还须借空间的引导与暗示帮助人们循着特定的顺序,经历完整个序列。

动线和视线的组织。动线和视线的组织,很大程度上也与景色的序列以及空间的处理紧密相关。动线的组织,即游览线路的组织,取决于景序的展开方式,或迂回或便捷。一般规模较小的室外环境,可采用单一的环状动线组织,有时会加以若干捷径。大规模的室外环境,可提供一条主要动线和几条辅助游览线路供游人选择。

视线的安排,决定了人们对景序以及空间形态的感知,结合游览动线,给人们动态连续的视景和空间体验。通常会开辟有直接的视景通道,给人良好的观赏视角和视域,开门见山、直奔主题;也可以通过对景、框景、借景、障景等一系列视景处理手法,获得欲扬先抑、柳暗花明的空间效果。英国的戈登·卡伦在其著作《城市景观》一书中提出连续视景的分析方法,可以很好地分析动线和视景的组织。图 2-22 表示了在空间序列的不同点上看到的不同景象,随着游览动线,画面逐一展开,空间有收有放,既完整又有变化,使人印象深刻。

图 2-22　空间动线与视景组织分析图

（3）垂直要素设计

根据人在空间中的视觉特点和户外空间的特性,垂直要素对人们生理和心理感觉的影响,较之水平要素更为显著。垂直要素的设计包括空间效应、形式设计、连续性设计和可识别性设计四方面。

①空间效应

通透性。垂直要素的通透性会影响到人的视线的连续性,从而影响到人们对空间的开敞或封闭的感知。一般来说,垂直要素分为硬质和柔性两大类:硬质垂直要素是指密实的、能明确界定空间的一类要素,如建筑立面、矮墙、下沉空间的侧壁等;柔性垂直要素是指对空间有围合但不限定或限定不明确的一类要素,它们只起到了空间划分的暗示作用,有待人的心理感知而获得空间感,如柱廊、栅栏、树丛、绿篱等。从通透性来说,硬质的要素要弱于柔性的要素,因而其对空间的限定也就越强。墙壁是最封闭的,它可以完全阻挡人的视线;种植紧密的树丛,虽然几乎完全阻隔了视线,但因其给人的心理感觉轻盈通透,空间的封闭感相应减弱。一些公共艺术品和环境设施以及稀疏的绿化等,保持了视线的通透性,使空间隔而不断。

高度。空间的封闭程度往往与垂直要素的高度有直接的关系,这也与视线的连续性是否被打断有关。当垂直要素为 30cm 高时,只有微弱的领域区别,空间几乎没有封闭感;当垂直要素为 60cm 高时,空间中视觉的连续性依然很强,还没有达到封闭的程度,但这个高度刚好是人倚靠和休息的大致尺寸;当垂直要素达 120cm 高时,就形成了相当的遮挡,此时有了一定的隔断性质,不过在视觉上仍有连续性;当垂直要素达 150cm 高时,除头部外大部分身体被挡住,封闭感也就产生;当垂直要素达 180cm 高或以上时,视觉完全被遮挡,就有了很强的封闭性。因此,比人高的垂直要素中断了地面的连续性而产生空间的封闭感,比如建筑立面;较低的垂直要素主要起到空间的划分作用,比如灌木绿篱。

图 2-23　垂直要素高度与空间效应示意图

　　间距。除了高度之外,垂直界面的间距同样也对封闭感产生作用。比如两面高墙之间的空间给人的感受就与两面墙之间的间距和墙的高度有关。当 D/H 小于 1 时,有很强的封闭性,人会有压抑、局促感;当 D/H 比等于 1 时,比较舒适而有亲切感;当 D/H 大于 2.5 时,就不能产生封闭感,让人感觉开阔;当 D/H 大于 4 时,空间的封闭感则完全消失。

　　组合方式。垂直要素的组合方式不一样,会产生不同的封闭效果。如图 2-25 所示,在四个角上立有圆柱,由于柱子没有方向性,而具有扩散性,虽然四根圆柱限定出了一个空间,但是其侧面几乎没有遮挡,所以没有封闭的感觉;四面皆有垂直界面,形成较强的封闭性,可是四个角在空间上欠缺而不严谨;在四个角上有转折,产生了界面的连接,因此空间的整体封闭性强烈得多。另外,如图 2-26 所示,四个面围合的空间的封闭感最强,三个面围合的 U 形组合次之,两个面围合的组合较弱,同时两个面的平行组合形成的封闭感也最弱。实际设计中,垂直要素的组合更为丰富多样,如图 2-27 所示,不同种类的植物通过各种形式的组合,可以形成各种形态的室外空间。

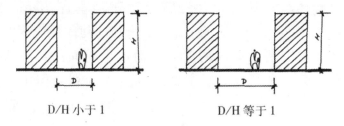

D/H 小于 1　　　　　　　　　　D/H 等于 1

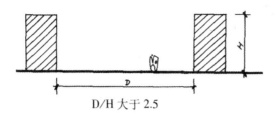

D/H 大于 2.5

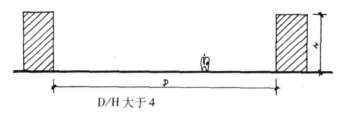

D/H 大于 4

图 2-24　垂直要素间距与空间效应示意图

四角有立柱　　　　四面有垂直面　　　四角有垂直面转折

图 2-25　垂直要素的组合方式与空间效应示意图（1）

四个面围合　　　　　两个面围合　　　　两个面平行组合

图 2-26　垂直要素的组合方式与空间效应示意图（2）

低矮的灌木和地被植物形成的开敞空间

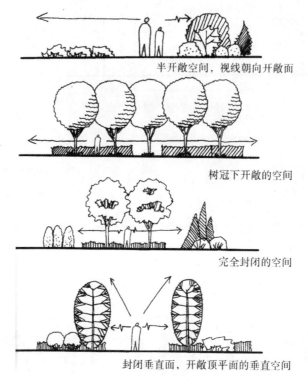

半开敞空间，视线朝向开敞面

树冠下开敞的空间

完全封闭的空间

封闭垂直面，开敞顶平面的垂直空间

图 2-27　植物的组合与室外空间形态

②形式设计

硬质垂直要素的形式。这类垂直要素有着较为明确的形式，如建筑立面、下沉式空间的侧壁以及封闭的围墙等，其表面的图案、凹凸、色彩、质感等，都会影响空间的形态特性，以及人在其中的心理感受。

建筑立面作为户外空间中最主要的实体，其形式会对空间产生重大影响。如图 2-28 所示，建筑立面后退倾斜，形成灰空间，拓宽了视觉空间，促进了室内、外空间的融合，并提供庇护。如图 2-29 所示，下沉空间侧壁的台阶式绿化处理，强化了空间氛围。

图 2-28　建筑立面的处理

图 2-29　下沉空间侧壁的绿化处理

　　柔性垂直要素的形式。相对上述建筑立面、下沉式空间的侧壁以封闭的围墙等这一类硬质垂直要素而言,柱廊、构架、栅栏等环境景观设施和植物绿化,因其在空间视觉上具有一定的通透性,表现为柔性的垂直要素。同样起到空间二次限定或辅助限定的重要作用,如图 2-30 所示。柔性垂直要素是室外环境设计中一个活跃的要素,它使户外空间更有魅力。

图 2-30　独立广场柱廊

③连续性设计

　　垂直要素的连续性设计是获得室外环境整体感的重要手段，并有助于提高室外环境设计的可识别性。垂直要素可以成为户外空间的中心，或是户外空间的背景，但不管作为何种角色，它都必须保持一定的连续感，这种连续感既是空间上的，也是视觉上的，如图 2-31、图 2-32 所示。

图 2-31　圣马可广场建筑

图 2-32　香港会展中心广场灯柱

垂直要素的连续性主要从以下几方面来获得。

尺度的连续。同一户外空间领域中的各垂直要素应保持同一个尺度关系,这样,户外空间的尺度才易于感知和把握。按照视知觉的规律,人们会把同样尺度关系的物体组合起来感知,形成整体上的认知。

轮廓的连续。轮廓线的连续表现在各垂直要素的高度基本一致和基本形状的统一。高度、形状迥异的各垂直要素的组合方式,必然失去整体的连续性。

间距的连续。运用感知环境视觉上具有连贯性的特点,各垂直要素间保持接近而均质的关系,以此来增强户外空间结构关系上的整体性。

素材的连续。构成垂直要素表面的素材(如色彩、质感、线条造型等),都可以一定的方式重复出现,从而增强整体的连续感。

④可识别性设计

可识别性是指对象的局部能有效地为人们所认知,并形成统一的整体印象。从行为科学角度来看,可识别性主要从两方面产生:一是感知,当时当地的情景对人所产生的印象;二是认知,过去的经历和回忆对当时当地认知的作用。

户外空间垂直要素的可识别性主要通过以下方式获得。

　　具有自身特征主体的垂直要素,根据室外环境设计的总体要求,形成较为强烈的特点。

　　能给人明确的方向感,在人的运动过程中,或是垂直要素单体本身,或是各垂直要素的组合提供方向上的识别性,如图2-33所示。

图 2-33　韩国国家博物馆入口柱列

3.建筑外环境的设计

(1)休息设施

　　休息座椅是居住区中最常见的服务设施,供人在环境中休息、读书、思考、观看、与人交流等,使人在得到舒适与放松的同时感受生活的情趣与关爱。椅的设置要充分考虑到人性化,在居民经常活动、聚会的场所,健身器械设施附近、休闲广场、水景等地点设置休息座椅;在道路旁的座椅应退出道路之外安置,还可设置在树荫下、花丛中、花坛旁边,来方便居民使用。应结合环境规划来考虑座椅的造型和色彩,力争简洁适用。

　　色彩的使用上,可以用材料自身所有的自然色,比较贴近自然,也易与周围环境相协调。当然也要与放置的场所相呼应,例如儿童游戏区的休息座椅,可以适当地选择活泼、跳跃的色彩对座椅进行装饰,与活动区域内的其他游戏器械色彩相融合,创造充满色彩的游戏空间,符合儿童的心理活动需求。

（2）指示牌与标识设计

居住区主要标志项目见表2-1。

表2-1　居住区主要标志项目

标志类别	标志内容
名称标志	楼号牌、标志牌、数目名称牌
环境标志	小区示意图、街区示意图、居住组团示意图、停车场导向图、公共设施分布图、自行车与摩托车停放示意图、垃圾箱位置图
指示标志	出入口标志、导向标志、机动车导向标志、自行车与摩托车导向标志、步道标志
警示标志	禁止入内标志、禁止踏入标志

宣传廊由展窗、支架、顶盖和照明设施组成,可以在人群集中或者人流必经之地设置宣传廊,如在居住小区中心绿地、道路交叉口、小区组团入口处等地方。

（3）卫生设施

居住区环境中的卫生设施主要包括垃圾桶、吸收器、饮水器等。

垃圾容器是常见的室外小品,为了保持居住区环境的整洁卫生,垃圾容器一般设在道路两侧和居住单元出入口附近、休闲广场等人群聚集的位置,其外观色彩及标志应符合垃圾分类收集的要求。

饮水器分为悬挂式饮水设备、独立式饮水设备和雕塑式水龙头等,常见的材料一般有不锈钢和混凝土,自身材质的色彩简洁大方,高度设置应考虑到儿童与轮椅使用者的方便性,饮水器的高度宜在800mm左右,供儿童使用的饮水器高度宜在650mm左右,并应安装在高100—200mm左右的踏台上。在节约能源方面,可以采用感应式出水或手动开关出水方式,做好排水及废水回收工作,并防止污染。

（4）雕塑

①居住空间中的雕塑

居住空间中的雕塑可分为标志性雕塑[①]、纪念性雕塑[②]和主题性雕塑[③]。

②居住空间雕塑与空间环境

居住空间的休闲区是居住景观的重要组成部分,也是居民休闲的重要场所。一个好的休闲区能对居住区风貌的形式起到促进作用。在休闲环境中,公共艺术的表现应更接近公众,使人与环境共融、共赏、共生。休闲区中设置雕塑作品,要根据休闲区的性质与特点规划考虑。同时,公共设施也可以作为公共艺术品来设计,如在儿童休闲区中可以设置简单、易懂、有趣的造型道具,供儿童嬉戏玩耍;在自然风景区应设置健康、开放、有地域文化特色的雕塑,以陶冶游人的情感;在主广场中心共享空间的雕塑设置应更具现代感,以超前性和高品质的艺术品,给小区更多的信赖感。

装饰、观赏、趣味都是人类审美得以满足的内容与方式,而雕塑始终是它的主角。它往往与功利关系淡薄,是人类本原的追求。自古希腊时代的公共场所,如公共剧场、广场、体育场就有各种雕塑作品设置其间,既满足人们的使用功能,又有装饰观赏作用。

观赏性雕塑是配合即成的环境而进行的创作设计,应反映、诠释或强化环境特性,营造生动活泼的视觉空间。动态的装置、

---

① 具有集中、概括地表现城市的特色。既能宣扬居住区独特的人文精神,又能使市民产生一种共通的情感和意识,并促进社会共同价值观念的形成。居住区标志性雕塑是一种物质载体,反映居住区的精神面貌,取决于所表达形式以及其精神含义,即该标志是否凝聚着居住区的文化内核,并且这个价值观念也成为该居住区和城市公众所认同和敬仰的。

② 居住区的纪念性雕塑,改变传统造型形式,朝着更接近公众的结构方式发展,运用新材料新工艺,赋予时代感的材质充满力度的抽象语汇,呈现历史文脉与人文关怀。

③ 主题性雕塑是城市空间的艺术,也是居住空间的艺术,它依存城市建筑空间而存在。又以自身同其他空间相互交融而起到凝缩、维系空间的作用。主题性雕塑,十分注重与环境和建筑的完美结合。主题性雕塑设置在公共环境中发挥其应有的艺术震撼力,造型的内在精神与外在形式和外在环境相融合,创造一个满足公众审美需求的文化氛围。居住区的休闲场所和运动场所,一般设有内涵深刻的作品。

丰富的色彩与波普文化的造型构成一个公共活动与休闲的中心。趣味性雕塑赋予环境以活力,使周围空间活跃起来,有的雕塑采用夸张的造型并赋予某种寓意,有的甚至是情节性的再现,增添了空间的灵性与环境的诗意。

（5）壁画

①壁画类型

从广义上说,能与建筑物构成统一整体的墙面绘画都属于壁画的范围。从材料上区分,壁画可以分为手绘壁画、玻璃钢壁画、金属壁画、石材壁画、木质壁画和陶瓷壁画等类型。

手绘壁画。手绘壁画包括重彩、油漆、丙烯、国画等用手绘制的壁画。其中,以丙烯画更为流行。丙烯颜料是一种化学合成的凝胶材料,它干燥后形成坚固的表面,具有很好的防水性;它有很强的柔韧性能,不受底面膨胀和收缩的影响;它还有迅速干燥的特点,可以反复叠加上色,也便于工作室绘制而不必都在现场绘制,为壁画制作提供更为方便的条件。

玻璃钢壁画。玻璃钢壁画有时在现场直接制作,在建筑立面上做浮雕,同时进行玻璃纤维和树脂的形体塑造。

金属壁画。金属壁画多以铜材为制作材料,铜以其耐腐蚀和良好的延展性为人们所常用。高科技促进金属材料与加工工艺的发展,随着新材料的增加,在壁画表现上出现电镀、抛光与各种肌理变化、各种材质结合的作品,壁画的形式更加多样化。金属壁画在现代城市公共场所得到普遍应用。彩色不锈钢板是一种抗腐蚀、色彩绚丽的新型壁画材料。

陶瓷壁画。陶瓷壁画的特点是耐晒、耐寒、耐酸碱,是室外或潮湿的环境中首选的壁画材料。高温釉上彩壁画的画面沉雄庄重、格调古雅,最适合用于纪念性公共建筑外立面的壁画。釉上彩壁画,是在建筑用瓷板上上釉经烧制而成,它制作方便,色彩鲜艳。浮雕式的壁画则先用陶泥成形,再施釉烧制,其特点是粗犷、大气,富于力度之美。镶嵌瓷板壁画和马赛克壁画,特色丰富,色彩变化,它通过色的排列,在空间和视觉的混合作用下达到形象的完整性。陶瓷与其他材料组合,也能制作出各种壁画形式。

②居住空间壁画与建筑环境

现代壁画的兴衰,有赖于经济的发展和城市公共艺术的发展。按照居住环境空间的功能进行设计的原则是居住空间壁画创作的基本原则。壁画在建筑中运用建筑师三度空间艺术,是虚与实的艺术。

(四)绿色建筑的创新设计

所谓绿色建筑的创新设计是指具体求实个性化创新设计,就是在进行综合设计和整体设计的同时,以创新型设计理论为指导,把每一个建筑项目都作为独一无二的生命有机体来对待,因地制宜、因时制宜、实事求是和灵活多样地对具体建筑进行具体分析,并进行个性化创新设计。创新是以新思维、新发明和新描述为特征的一种概念化过程,创新是设计的灵魂,没有创新就谈不上真正的设计,创新是建筑及其设计充满生机与活力永不枯竭的动力和源泉。

二、绿色建筑设计的原则

绿色建筑是综合运用当代建筑学、生态学及其他技术科学的成果,把建筑看成一个小的生态系统,为使用者提供生机盎然、自然气息深厚、方便舒适并节省能源、没有污染的建筑环境。绿色建筑是指能充分利用环境自然资源,并以不破坏环境基本生态为目的而建造的人工场所,所以,生态专家们一般又称其为环境共生建筑。绿色建筑不仅有利于小环境及大环境的保护,而且将十分有益于人类的健康。为了达到既有利于环境,又有利于人体健康的目的。

(一)坚持建筑可持续发展的原则

规范绿色建筑的设计,大力发展绿色建筑的根本目的,是为了贯彻执行节约资源和保护环境的国家技术经济政策,推进建筑业的可持续发展,造福于千秋万代。建筑活动是人类对自然资源、环境影响最大的活动之一。我国正处于经济快速发展阶段,资源消耗总量逐年迅速增长。因此,必须牢固树立和认真落实科学发展观,坚持可持续发展理念,大力发展绿色建筑。

发展绿色建筑应贯彻执行节约资源和保护环境的国家技术经济政策。实事求是地讲,我国在推行绿色建筑的客观条件方面,与发达国家存在很大的差距,坚持发展中国特色的绿色建筑是当务之急,从规划设计阶段入手,追求本土、低耗、精细化,是中国绿色建筑发展的方向。制定《绿色建筑设计规范》的目的是规范和指导绿色建筑的设计,推进我国的建筑业可持续发展。

(二)坚持全方位绿色建筑设计的原则

绿色建筑设计不仅适用于新建工程绿色建筑的设计,同时也适用于改建和扩建工程绿色建筑的设计。城市的发展是一个不断更新和变化的动态过程,在这种新陈代谢的过程中,如何对待现存的旧建筑成为亟待解决的问题。其中包括列入国家历史遗址保护名单的旧建筑,还包括大量存在的虽然仍处于设计寿命期,但功能、设施、外观已不能满足当前需要,根据法规条例得不到保护的一般性旧建筑。随着城市的发展日趋成熟与饱和,如何在已有的限制条件下为旧建筑注入新的生命力,完成旧建筑的重生成为近几年来关注的热点问题。

城市化要进行大规模建设是一个永恒的课题。对城市旧建筑进行必要的改造,是城市发展的具体方式之一。世界城市发展的历史表明,任何国家城市建设大体都经历 3 个发展阶段,即大规模和新建阶段、新建与维修改造并重阶段,以及主要对旧建筑更新改造再利用阶段。工程实践充分证明,旧建筑的改建和扩建不仅有利于充分发掘旧建筑的价值、节约资源,而且还可以减少对环境的污染。在我国旧建筑的改造具有很大的市场,绿色建筑的理念应当应用到旧建筑的改造中去。

第三节　绿色建筑设计的程序与方法

一、绿色建筑设计的程序

绿色建筑设计的发展是实现科学发展观,提高质量和效率的必然结果,并为中国的建筑行业及人类可持续发展做出重要贡献。随着建筑技术与经济的不断发展,绿色建筑设计对未来建筑发展将起到主导作用。发展绿色建筑设计逐渐为人们认识和理解。绿色建筑设计贯穿了传统工程项目设计的各个阶段,从前期可研性报告、方案设计、初步设计一直到施工图设计,及施工协调和总结等各个阶段,均应结合实际项目要求,最大化地实现绿色建筑设计。

根据我国住房和城乡建设部颁布的《中国基本建设程序的若干规定》和《建筑工程项目的设计原则》中的有关内容,结合《绿色建筑设计规范》中的相关要求,绿色建筑设计程序基本上可归纳为以下七大阶段性的工作内容。

(一)项目委托和设计前期的研究

绿色建筑工程项目的委托和设计前期的研究,是工程设计程序中的最初阶段。通常情况下,业主将绿色建筑设计项目委托给设计单位后,由建筑师组织协助业主进行工程项目的现场调查研究工作。其主要的工作内容是根据业主的要求条件和意图,制定出建筑设计任务书。设计任务书是确定工程项目和建设方案的基本文件,是设计工作的指令性文件,也是编制设计文件的主要依据。

绿色建筑工程项目的设计任务书,主要包括以下几方面内容:建筑基本功能的要求和绿色建筑设计的要求;建筑规模、使用和运行管理的要求;基地周边的自然环境条件;基地的现状条件、给排水、电力、煤气等市政条件和交通条件；绿色建筑能源综合利用的条件；建筑防火和抗震等专业要求的条件；区域性的社会人文、地理、气候等条件；绿色建筑工程的建设周期和投资估算；经济利益和施工技术水平等要求的条件；工程项目所在地材料资源的条件。

根据绿色建筑设计任务书的要求，首先设计单位对绿色建筑设计项目进行正式立项，然后建筑师和设计师同业主对绿色建筑设计任务书中的要求，详细地进行各方面的调查和分析，按照建筑设计法规的相关规定，以及我国关于绿色建筑的相关要求，对拟建项目进行针对性的可行性研究，在归纳总结出研究报告后方可进入下阶段的设计工作。

（二）项目方案设计阶段

根据业主的要求和绿色建筑设计任务书，建筑师要构思出多个设计方案草图提供给业主，针对每个设计方案的优缺点、可行性和绿色建筑性能与业主反复商讨，最终确定出一个既能满足业主要求，又符合建筑法规相关规定的设计方案，并通过建筑 CAD 制图、绘制建筑效果图和建筑模型等表现手段，提供给业主设计成果图。业主再把方案设计图和资料呈报给当地的城市规划管理局等有关部门进行审批确认。

项目方案设计是设计中的重要阶段，它是一个极富有创造性的设计阶段，同时也是一个十分复杂的问题，它涉及设计者的知识水平、经验、灵感和想象力等。方案设计图主要包括以下几方面的内容：建筑设计方案说明书和建筑技术经济指标；方案设计的总平面图；建筑各层平面图及主要立面图、剖面图；方案设计的建筑效果图和建筑模型；各专业的设计说明书和专业设备技术标准；拟建工程项目的估算书。

（三）工程初步设计阶段

工程初步设计是指根据批准的项目可行性研究报告和设计

基础资料,设计部门对建设项目进行深入研究,对项目建设内容进行具体设计。方案设计图经过有关部门的审查通过后,建筑师应根据审批的意见建议和业主提出的新要求,参考《绿色建筑评价标准》中的相关内容,对方案设计的内容进行相关的修改和调整,同时着手组织各技术专业的设计配合工作。

在项目设计组安排就绪后,建筑师同各专业的设计人员对设计技术方面的内容进行反复探讨和研究,并在相互提供各专业的技术设计要求和条件后,进行初步设计的制图工作。初步设计图属于设计阶段的图纸,对细节要求不是很高,但是要表达清楚工程项目的范围、内容等,主要包括以下几方面的内容:初步设计建筑说明书;初步设计建筑总平面图;建筑各层平面图、立面图和剖面图;特殊部位的构造节点大样图;与建筑有关的各专业的平面布置图、技术系统图和设计说明书;拟建工程项目的概算书。

对于大型和复杂的绿色建筑工程项目,在初步设计完成后,进入下阶段的设计工作之前,需要进行技术设计工作,即需要增加技术设计阶段。对于大部分的建筑工程项目,初步设计还需要再次呈报当地的建设主管部门及有关部门进行审批确认。在我国标准的建筑设计程序中,阶段性的审查报批是不可缺少的重要环节,如审批未通过或在设计图中仍存在着技术问题,设计单位将无法进入下一阶段的设计工作。

(四)施工图设计阶段

根据绿色建筑初步设计的审查意见建议和业主新的要求条件,设计单位的设计人员对初步设计的内容应进行必要的修改和调整,在设计原则和设计技术等方面,如果各专业之间不存在太大的问题,可以着手准备进行详细的实施设计工作,即施工图设计。

施工图设计是工程设计的一个重要阶段。这一阶段主要通过图纸,把设计者的意图和全部设计结果表达出来,作为工程施工的依据,它是工程设计和施工的桥梁。施工图设计主要包括建筑设计施工图、结构设计施工图、给排水和暖通设计施工图、强弱电设计施工图、绿色建筑工程预算书。

（五）施工现场的服务和配合

在工程施工的准备过程中,建筑师和各专业设计师首先要向施工单位进行技术交底,对施工设计图、施工要求和构造作法进行详细说明。然后根据工程的施工特点、技术水平和重点难点,施工单位可对设计人员提出合理化建议和意见,设计单位根据实际可对施工图的设计内容进行局部调整和修改,通常采用现场变更单的方式来解决图纸中设计不完善的问题。另外,建筑师和各专业设计师按照施工进度,应不定期地到现场对施工单位进行指导和查验,从而达到绿色建筑工程施工现场服务和配合的效果。

（六）竣工验收和工程回访

建设工程项目的竣工验收,是全面考核建设工作,检查是否符合设计要求和工程质量的重要环节,对促进建设项目及时投产,发挥投资效果,总结建设经验有重要作用。建设工程项目竣工验收后,虽然通过了交工前的各种检验,但由于影响建筑产品质量稳定性的因素很多,仍然可能存在着一些质量问题或者隐患,而这些问题只有在产品的使用过程中才能逐渐暴露出来。因此,进行工程回访工作是十分必要的。

（七）绿色建筑评价标识的申请

按照《绿色建筑评价标准》进行设计和施工的项目,在项目完成后可申请"绿色建筑评价标识"。绿色建筑评价标识是住房和城乡建设部主导并管理的绿色建筑评审工作。住房和城乡建设部授权机构依据《绿色建筑评价标准》和《绿色建筑评价技术细则(试行)》,按照《绿色建筑评价标识管理办法(试行)》,确定是否符合国家规定的绿色建筑各项标准。

绿色建筑评价标识的评价工作程序主要包括以下几个方面。

第一,"绿建办"在住房和城乡建设部网站上发布绿色建筑评价标识申报通知,申报单位可根据通知要求进行申报。

第二,"绿建办"或地方绿色建筑评价标识管理机构负责对申报材料进行形式审查,审查合格后进行专业评价及专家评审,评价和评审完成后由住房和城乡建设部对评审结果进行审定和公示,并公布获得星级的项目。

第三,住房和城乡建设部向获得三星级"绿色建筑评价标识"的建筑和单位颁发绿色建筑评价标识证书和标志(挂牌);向获得三星级"绿色建筑设计评价标识"的建筑和单位颁发绿色建筑评价标识证书和标志(挂牌)。

第四,受委托的地方住房和城乡建设管理部门,向获得一星级和二星级"绿色建筑评价标识"的建筑和单位颁发绿色建筑评价标识证书和标志(挂牌);向获得一星级和二星级"绿色建筑设计评价标识"的建筑和单位颁发绿色建筑评价标识证书和标志(挂牌)。

第五,"绿建办"和地方绿色建筑评价标识管理机构,每年不定期、分批开展评价标识活动。绿色建筑评价标识流程如图2-34所示。

二、绿色建筑设计的方法

(一)整体环境的设计方法

所谓整体环境设计,不是针对某一个建筑,而是建立在一定区域范围内,从城市总体规划要求出发,从场地的基本条件、地形地貌、地质水文、气候条件、动植物生长状况等方面分析设计的可行性和经济性,进行综合分析、整体设计。整体环境设计的方法主要有:引入绿色建筑理论、加强环境绿化,然后从整体出发,通过借景、组景、分景、添景多种手法,使住区内外环境协调。

(二)建筑单体的设计方法

建筑的体型系数即建筑物表面积与建筑的体积比,它与建筑的热工性能密不可分。曲面建筑的热耗小于直面建筑,在相同体积时分散的布局模式要比集中布局的建筑热耗大,具体设计时减少建筑外墙面积、控制层高,减少体形凹凸变化,尽量采用规则平面形式。

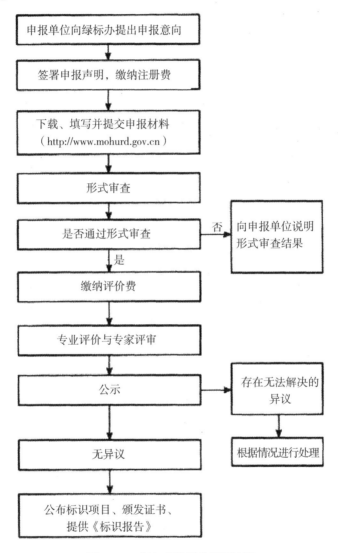

图 2-34 绿色建筑评价标识流程

外墙设计要满足自然采光、自然通风的要求,减少对电器设备的依赖,设计时采用明厅、明卧、明卫、明厨的设计,外墙设计要努力提高室内环境的热稳定性。

采用良好的外墙材料,利用更好的隔热砖代替黏土砖,节省土地资源。采用弹性设计方案,提高房屋的适用性、可变性,具体表现在建筑结构、建筑设备等灵活性要求上。然后尽量采用建筑节能设计和建筑智能设计。

第三章　绿色建筑设计的评价标准与技术支持

面对目前我国建筑业高耗能、高污染的现状，发展绿色建筑已经是刻不容缓的一件事情，选择绿色建筑是未来建筑业发展的必然趋势。与此同时，对绿色建筑设计的评价标准也需要有一个非常深刻的了解。通过分析我国绿色建筑发展的情况，可以得知我国绿色建筑在推进过程中存在一系列问题。因此，我们理应对绿色建筑设计的技术进行系统的分析，通过了解这些技术，为绿色建筑设计提供更为具体的技术指导。

第一节　国内外绿色建筑设计的标准

一、国外绿色建筑设计的评价标准

（一）英国 BREEAM 评估体系

英国在 20 世纪初期工业化发展居世界前茅，单纯地追求经济的快速发展，却忽略了工业化对环境的危害。工业化初期，英国的生存环境受到了很大的污染和破坏，环境问题日益突显，烟雾事件频频发生。在严峻的事实面前，英国政府不得不重视环境的保护。可持续发展的概念就是在那时候被英国民众接受并奉为发展的口号的。可持续发展的目的就是调节经济的发展和环境保护间的冲突，使二者协调，并带来更大的经济和环境利益。

英国建筑环境评价体系 BREEAM，1990 年由英国建筑研究所开发,它是世界第一个绿色建筑评价体系,目的是提供绿色建筑实践的指导,减少建筑建造和使用过程中对全球气候和环境的影响,给人们提供一个舒适、健康的生存环境。

BREEAM自推出到现在已有20多年,其中经历了无数次的改版,从刚开始的"办公建筑"发展到现在的8种版本,即BREEAM体系法院、BREEAM体系工业、BREEAM体系办公、BREEAM体系保健、BREEAM体系监狱、BREEAM体系零售业、BREEAM体系教育、BREEAM体系多层住宅。最近几年,BREEAM体系每年都在修订,每一次的修订都是制定者们认知观念与实践经验的结晶,它不断完善,不断调整,逐渐成为世界上先进评估体系的一种。

现在使用的版本都是2010年修订后的版本,从内容来看,它比之前的版本又丰富了很多,可操作性也不断加强,各项指标没有变,但各指标评价的方法发生了很大的变化。早期的版本过于简单,已经不适合现在的情况。它的评估都是由BRE负责,各独立评估者经过BRE培训认证后开始从事评估工作。BREEAM体系的评估组成内容包括:管理、能源、健康舒适性、交通、水、材料、废料、土地利用与生态、污染、创新。

BREEAM体系的评估结果包括未分类、通过、好、很好、优秀、杰出六个等级,各等级满足条件见表3-1。

表3-1　BREEAM 2008 评价基准

BREEAM 等级	得分 /%
未分类	<30
通过	≥ 30
好	≥ 45
很好	≥ 55
优秀	≥ 70
杰出	≥ 85

（二）美国 LEED 评估体系

1995 年美国绿色建筑协会推出了 LEED 评价体系。体系内容全面且操作简单,已成为世界各国建立自身建筑绿色评价标准的范本,同时,也被认为是最完善、最有影响力的评估标准。LEED 绿色评估体系考虑的是一幢建筑全生命周期的可持续性,它包括项目立项、设计、施工、营运、修补、拆除等过程,涉及很多行业的知识,需要各参与单位的全面配合,所以,UCGBC 成员来自各行各业,目的是使编制的评估体系更具经济、环保、可持续性。

LEED 评价体系经过十几年的发展,逐渐形成了一个较为完善的体系,LEED 的产品非常多,分为横向市场产品和纵向市场产品。在每个产品推出之前,都必须进行项目试验并由所有 USGBC 会员投票通过后才可以正式实施。因此,每一个产品的推出、补充和完善都是经过认证后得出来的。这种理论联系实际的方法也为 LEED 的成功打下了良好的基础。

LEED 评价体系由新建、既有、商用建筑整体、商用建筑内部、其他等五方面的认证标准组成。LEED 绿色评价体系包括可持续场地、水资源有效利用、能源与大气环境、材料和资源、室内环境质量、创新设计 6 部分,在评价的时候要根据 6 个方面综合考察,并对其打分。按得分情况,将通过评估的建筑分为铂金、金、银和认证四个级别。2009 年以前的 LEED 绿色评估体系中,认证级 26—32 分,即满足至少 40% 的评估要点要求;银级 33—38 分,即满足至少 50% 的评估要点要求;金级 39—51 分,即满足至少 60% 的评估要点要求;铂金级 52—69 分,即满足至少 80% 的评估要点要求。2009 年颁布的 LEED 绿色评估标准中总分由原来的 69 分变为现在的 110 分,认证级 40—49 分,银级 50—59 分,金级 60—79 分,铂金级 80—110 分。

LEED 中包括 6 个必需项,包括可持续场地、用水效率、能源与环境、材料与资料、室内环境质量和创新设计。要想进行 LEED 评估,这些项是评估的前提,必须要先满足这些项的要求。在

LEED 评估体系的最后,还设置了一个创新分,这些分数一是为了奖励这样的评估项目——采取的技术措施所达到的效果非常明显,超过了 LEED 评估体系中某些评估要点的要求,对后期绿色建筑的发展具有示范效果;另一种情况是项目中采取的技术措施在 LEED 评估体系中没有提及,但在环保节能领域取得了一些显著成效。LEED 体系在运行的过程中,是自愿性的、市场推动的、按照能源和环境基础构建的,再加上其完善的评估体系和完善的评估流程,使其在绿色建筑评估标准中处于领先地位。

LEED 认证体系不但在国际上得到了广泛的认同,而且在我国也是最受开发商欢迎的认证体系。2010 年 8 月,深圳万科总部大楼,即万科中心获得 LEED 铂金认证,该建筑是国内首座获得美国 LEED 铂金认证的项目。

二、国内绿色建筑设计的评价标准

(一)我国大陆地区绿色建筑评价标准

随着绿色建筑在我国兴起,绿色建筑标准化工作开始得到重视,一批直接服务于绿色建筑的国家标准和行业标准相继立项编制或发布实施。在总结我国绿色建筑的实践经验和研究成果、借鉴国际先进经验基础上,2006 年颁布的《绿色建筑评价标准》(GB/T 50378-2006),是我国第一部绿色建筑综合评价国家标准。

《绿色建筑评价标准》评价的对象为住宅建筑和公共建筑(包括办公建筑、商场、宾馆等)。其中对住宅建筑,原则上以住区为对象,也可以单栋住宅为对象进行评价,对公共建筑则以单体建筑为对象进行评价。《绿色建筑评价标准》明确提出了绿色建筑"四节一环保"的概念,提出发展"节能省地型住宅和公共建筑",评价指标体系包括以下 6 大指标(表 3-2、表 3-3):节地与室外环境、节能与能源利用、节水与水资源利用、节材与材料资源利用、室内环境质量、运营管理(住宅建筑)。各大指标中的具体指标分为控制项、一般项和优选项 3 类。这 6 大类指标涵盖了绿色建筑的基本要素,包含了建筑物全生命周期内的规划设计、施工、运营管理及回收各阶段的评定指标及其子系统。在评价一个建筑是否为绿色建筑的时候,首要条件是该建筑应全部满足标准中有关住宅建筑或公共建筑中控制项的要求,满足控制项要求后,再按照满足一般项数和优选项数的程度进行评分,从而将绿色建筑划分为 3 个等级。

表 3-2　划分绿色建筑等级的项数要求（住宅建筑）

等级	一般项数（共 40 项）						优选项数（共 9 项）
	节地与室内环境（共 8 项）	节能与能源利用（共 6 项）	节水与水资源利用（共 6 项）	节材与材料资源利用（共 7 项）	室内环境质量（共 6 项）	运营管理（共 7 项）	
★	4	2	3	3	2	4	—
★★	5	3	4	4	3	5	3
★★★	6	4	5	5	4	6	5

表 3-3　划分绿色建筑等级的项数要求（公共建筑）

等级	一般项数（共 43 项）						优选项数（共 14 项）
	节地与室外环境（共 6 项）	节能与能源利用（共 10 项）	节水与水资源利用（共 6 项）	节材与材料资源利用（共 8 项）	室内环境质量（共 6 项）	运营管理（共 7 项）	
★	3	4	3	5	3	4	—
★★	4	6	4	6	4	5	6
★★★	5	8	5	7	5	6	10

为了更好地推广《绿色建筑评价标准》,同时为评价标准做出更明确而详细的解说,由建设部科技司委托,建设部科技发展促进中心和依柯尔绿色建筑研究中心组织编写了《绿色建筑评价技术细则》(以下简称《技术细则》),并于 2007 年 7 月公布。

2008 年 8 月 4 日,根据《绿色建筑评价标识管理办法(试行)》(建科〔2007〕206 号)、《绿色建筑评价标准》(GB/T 50378-

2006)、《绿色建筑评价技术细则》(建科〔2007〕205号)和《绿色建筑评价技术细则补充说明(规划设计部分)》(建科〔2008〕113号),由住房和城乡建设部建筑节能与科技司公布了首批获得行业主管部门认可的"绿色建筑设计评价标识"工程,它们分别是上海市建筑科学研究院绿色建筑工程研究中心办公楼工程、深圳华侨城体育中心扩建工程、中国2010年上海世博会世博中心工程、绿地汇创国际广场准甲办公楼工程、金都·汉宫工程和金都·城市芯宇工程。对建筑工程实行"绿色建筑设计评价标识"的评定体系,标志着我国绿色建筑评价体系进入了规范化和实际应用阶段。

2010年8月发布的《绿色工业建筑评价导则》,将绿色建筑的标识评价工作进一步拓展到了工业建筑领域,标志着我国绿色建筑评价工作正式走向细分化。该导则在绿色建筑"四节一环保"基础上,充分结合工业建筑的自身特点,从多方面对绿色工业建筑的评价标准进行了明确阐述和规定,为指导现阶段我国工业建筑规划设计、施工验收、运行管理,规范绿色工业建筑评价工作提供了重要的技术依据,也为国家《绿色工业建筑评价标准》的编制打好了基础。

到目前为止,住房和城乡建设部已经先后组织开展了两批绿色建筑设计标识的评价工作,经过严格的项目评审及公示,共有10个项目获得"绿色建筑设计评价标识",其中三星级项目4项、二星级项目2项、一星级项目4项。上述项目的评选是对我国自主制定的《绿色建筑评价标准》的首次贯彻实施。

绿色建筑注重全生命期内能源资源节约与环境保护的性能,申请评价方应对建筑全生命期内各个阶段进行控制,综合考虑性能、安全性、耐久性、经济性、美观等因素,优化建筑技术、设备和材料选用,综合评估建筑规模、建筑技术与投资之间的总体平衡,并按《绿色建筑评价标准》的要求提交相应分析、测试报告和相关文件。

绿色建筑评价机构应按照《绿色建筑评价标准》的有关要求

审查申请评价方提交的报告、文档,并在评价报告中确定等级。对申请运行评价的建筑,评价机构还应组织现场考察,进一步审核规划设计要求的落实情况以及建筑的实际性能和运行效果。

图 3-1 给出了国内某房地产公司申请一星、二星级绿色建筑认证的管理流程。这些级别的绿色建筑申报一般由各区域管理总部审批。项目公司负责具体申报工作,区域管理总部负责审批。

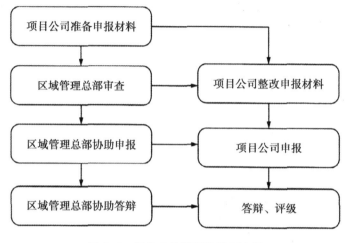

图 3-1　绿色建筑认证的管理流程

(二)我国香港地区绿色建筑评价标准

我国香港地区绿色建筑评价标准文件为《香港建筑环境评估标准》,简称 HK-BEAM 体系。HK-BEAM 体系所涉及的评估内容包括两大方面:一是“新修建筑物”;二是“现有建筑物”。环境影响层次分为“全球”“局部”和“室内”三种。同时,为了适应香港地区现有的规划设计规范、施工建设和试运行规范、能源标签、IAQ 认证等,HK-BEAM 包括了一系列有关建筑物规划、设计、建设、管理、运行和维护等的措施,保证与地方规范、标准和实施条例一致。

HK-BEAM 体系建立的目的在于为建筑业及房地产业中的全部利益相关者提供具有地域性、权威性的建设指南,采取引导措施,减少建筑物消耗能源,降低建筑物对环境可能造成的负面影响,同时提供高品质的室内环境。HK-BEAM 采取自愿评估的方式,对建筑物性能进行独立评估,并通过颁发证书的方式对其进行认证。

　　HK-BEAM 体系就有关建筑物规划、设计、建设、试运行、管理、运营和维护等一系列持续性问题制订了一套性能标准。满足标准或规定的性能标准即可获得"分数"。针对未达标部分,则由指南部分告之如何改进未达标的性能。将得分进行汇总即可得出一个整体性能等级。根据获得的分数可以得到相应分数的百分数(%)(表 3-4)。出于对室内环境质量重要性的考虑,在进行整体等级评定时,有必要取得最低室内环境质量得分的最低百分比。

表 3-4　HK-BEAM 体系评分等级

级别	整体	室内环境质量等级
铂金级	75%	65%（极好）
金级	65%	55%（很好）
银级	55%	50%（好）
铜级	40%	45%（中等偏上）

HK-BEAM 体系的评估程序如表 3-5 所示。

表 3-5　HK-BEAM 体系评估程序

顺序	程序	内容
1	资格审核	所有新修和最近重新装修的建筑物均有资格申请 HK-BEAM 评估
2	开始阶段	在建筑物的设计阶段即可启动评估程序，便于设计人员有针对性地对提高建筑物整体性能而进行修改
3	指南	香港环保建筑协会评估员将会给客户发放问卷，问卷详细包含了评估要求的信息。评估员将安排时间与设计团队讨论设计细节。之后，评估员将根据从问卷和讨论中收集到的信息进行评估，并产生一份临时报告。在报告结果的基础上，可能促使客户对设计或建筑物规范进行修改
4	颁证	如本评估法标准下大多数分数的取得是根据建设和竣工时的实际情况而定，那么证书只能在建筑物竣工时颁发

顺序	程序	内容
5	申诉程序	对整个评估或任何部分的异议均可直接提交到香港环保建筑协会,由协会执行委员会进行裁定。客户在任何时候都有权以书面形式陈述申诉内容并提交给协会

由于绿色建筑的内涵和组成部分还处在不断更新发展阶段,还有许多内容需要进一步完善,因此 HK-BEAM 采取动态评估的理念,对可能产生的变化做出反应,定期采取变更和版本升级的措施。同时,在实际应用的项目中获取反馈意见,搜集相关利益者的使用状况,对评估体系做出相应的改善。HK-BEAM 的评估标准涵盖了大多数的建筑物类型,并根据建筑物的规模、位置及使用用途的不同而有所不同。对于评估体系中未提及的建筑,如工业建筑等,也可在适当条件下用该体系进行评估。同时,评估标准和评估方法具有一定的灵活性,并允许用可选方式来判断是否符合标准,可选方式则由香港环保建筑协会在无不当争议条件下达成决议。

目前,主要由香港环保建筑协会负责执行 HK-BEAM。香港有近九成耗电量用于建筑营运。HK-BEAM 已在港推行多年,以人均计算,就评估的建筑物和建筑面积而言,HK-BEAM 在世界范围内都处于领先地位。

(三)我国台湾地区绿色建筑评价标准

我国台湾地区的绿色建筑研究开展较早,于 1979 年出版了《建筑设计省能对策》一书,开创了建筑省能研究的里程碑。1998年,建筑研究所提出了本土化的绿建筑评估体系,包括基地绿化、基地保水、水资源、日常节能、二氧化碳减量、废弃物减量及垃圾污水改善 7 项评估指标为主要内容,并于 1999 年 9 月开始进行绿建筑标章的评选与认证。2002 年建筑研究所在现有的 7 项评估指标之上又新增了生物多样性与室内环境指针,形成了 9 项评估指针系统。2005 年建立了分级评估制度,意在促使绿建筑评估的推广,经过评估的项目将依其优劣程度,分为钻石级、黄金级、银级、铜级与合格级。

台湾地区的绿建筑标章评估体系分为"生态、节能、减废、健康"4大项指针群,包含生物多样性指针、绿化量指针、基地保水指针、日常节能指针、二氧化碳减量指针、废弃物减量指针、室内环境指针、水资源指针、污水垃圾改善指针等9项指针(表3-6)。

表3-6　绿建筑标章评估指针系统与地球环境的关系

指针群	指针名称	与地球环境关系						尺度关系		
		气候	水	土地	生物	能源	资材	尺度	空间	次序
生态	(1)生物多样性指针	*	*	*	*			大↕小	外↕内	先↕后
	(2)绿化量指针	*	*	*	*					
	(3)基地保水指针	*	*	*	*					
节能	(4)日常节能指针	*				*				
减废	(5)CO_2减量指针					*	*			
	(6)废弃物减量指针						*			
健康	(7)室内环境指针			*	*					
	(8)水资源指针	*	*							
	(9)污水垃圾改善指针		*		*		*			

台湾地区的绿建筑标章评估原则包括以下几方面。

(1)确实反映资材、能源、水、土地、气候等地球环保要素。

(2)有科学量化计算的标准,未能量化的指针暂不纳入评估。

(3)指针项目不可太多,性质相近的指针尽量合并成一指针。

(4)平易近人,并与生活体验相近。

(5)暂不涉及社会人文方面的价值评估。

(6)必须适用于台湾的亚热带气候。

(7)能应用于社区或建筑群整体的评估。

(8)可作为设计阶段前的事前评估,以达预测控制的目的。

通过绿建筑标章制度评估的建筑物,根据其生命周期中的设计阶段和施工完成后的使用阶段可分为绿建筑候选证书及绿建筑标章两种。取得使用执照的建筑物,并合乎绿建筑评估指针标准的颁授绿建筑标章。尚未完工但规划设计合乎绿建筑评估指针标准的新建建筑颁授候选绿建筑证书。

根据评估的目的和使用者的不同,绿建筑标章评估过程可分为规划评估、设计评估和奖励评估三个阶段。

（1）阶段一：规划评估,又称简易查核评估,主要作用是为开发业者、规划设计人员所开设的绿建筑策略解说与简易查核法,提供设计前的投资策略和设计对策规划。

（2）阶段二：设计评估,又称设计实务评估,主要作用是为建筑设计从业人员在进行细部设计时提供评估依据,并对设计方案进行反馈和检讨。

（3）阶段三：奖励评估,又称推广应用评估,主要作用是为政府、开发业者、建筑设计者提供专业的酬金、容积率、财税、融资等奖励政策的依据。

第二节　绿色建筑设计的技术支持

根据《绿色建筑评价标准》GB/T 50378-2014 中对绿色建筑的节地与节水技术进行了明确论述。通过对节地与节水技术的论述,有利于更好地保护环境与节约资源。

一、绿色建筑的节地技术

《绿色建筑评价标准》GB/T 50378-2014 指出,节地技术主要关注的是场地安全、土地利用、交通设施与公共服务、场地设计与场地生态。由于本书是从技术的角度而言的,因此弱化了土地利用这一内容,而重点对场地安全、交通设施与公共服务等技术进行论述。

（一）土壤污染修复

根据《污染场地土壤修复技术导则》HJ 25.4-2014，土壤修复是指采用物理、化学或生物的方法固定、转移、吸收、降解或转化场地土壤中的污染物，使其含量降低到可接受水平，或将有毒有害的污染物转化为无害物质的过程。土壤污染修复可按照以下流程进行操作。

（1）场地环境调查。场地环境调查包括三个阶段（图 3-2），具体操作参见《场地环境调查技术导则》HJ 25.1-2014。

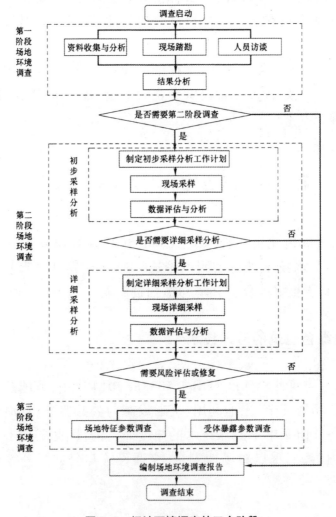

图 3-2　场地环境调查的三个阶段

（2）场地风险评估。场地风险评估包括危害识别、暴露评估、毒性评估、风险表征以及土壤风险控制值计算（图3-3），详见《污染场地风险评估技术导则》HJ 25.3-2014。

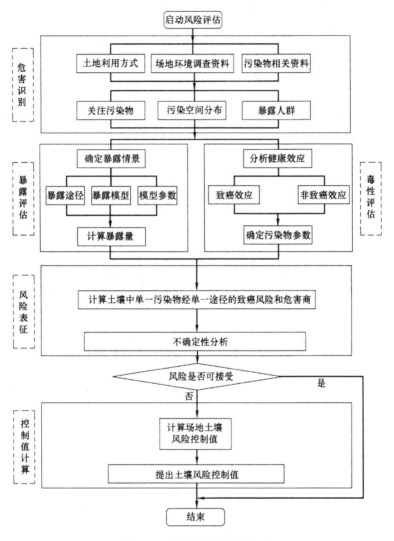

图3-3　场地风险评估的内容

（3）场地修复目标值确定。场地修复的目标值详见前述"技术指标"中规定的土壤污染风险筛选指导值。

（4）土壤修复方案编制。场地修复方案编制分为三个阶段：修复模式选择、修复技术筛选和修复方案制定（图3-4）。

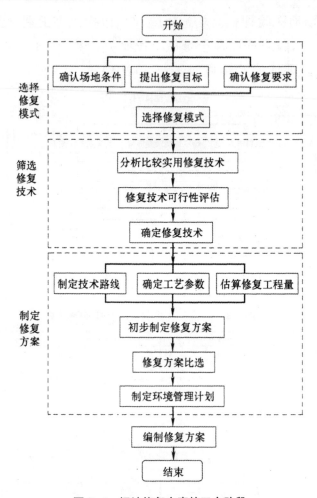

图 3-4　场地修复方案的三个阶段

（5）实施土壤修复。依据制定的土壤修复方案实施土壤修复程序，并在修复后进行评估。

（二）交通设施设计

交通设施设计又称"交通组织"，是指为解决交通问题所采取的各种软措施的总和（图 3-5），具体包括四点内容：一是城市道路系统、公交站点及轨道站点等的布局位置及服务覆盖范围；二是道路系统、公交站点及轨道站点等到场地入口之间的衔接方式，包括步行道路、人行天桥、地下通道等；三是场地出入口的位置、样式、方向等；四是场地出入口与建筑入口之间的交通形式布设及安排等。

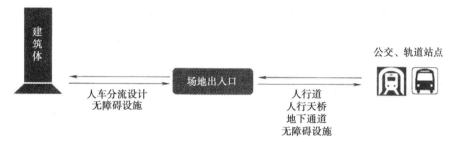

图 3-5 交通设施设计

交通组织的技术设计的要点如下。

1.公交站点设计

公交站点规划时宜根据《城市道路交通规划设计规范》GB 50220-95、《城市道路公共交通站、场、厂工程设计规范》CJJ/T 15-2011、《深圳市公交中途站设置规范》SZDB/Z 12-2008 等标准合理设置公交站点形式及服务设施(图 3-6)，最大化安全、便利服务居民。

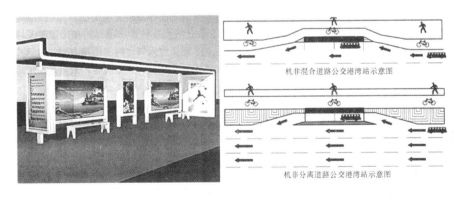

图 3-6 公交站点的设置

2.场地对外交通设计

《民用建筑设计通则》GB 50352-2005 第 4.1.5 条要求场地出入口位置符合下列要求：与大中城市主干道交叉口的距离，自道路红线交叉点量起不应小于 70m（图 3-7）；与人行横道线、人行过街天桥、人行地道（包括引道、引桥）的最边缘线不应小于5m；距地铁出入口、公共交通站台边缘不应小于15m；距公园、学校、儿童及残疾人使用建筑的出入口不应小于20m。

在进行具体的建筑设计时，其出入口应满足对应的建筑类型及防火要求，包括《建筑设计防火规范》GB 50016-2014、《商店建筑设计规范》JGJ 48-2014、《电影院建筑设计规范》JGJ 58-2008、《综合医院建筑设计规范》GB 51039-2014、《图书馆建筑设计规范》JGJ 38-1999 等。

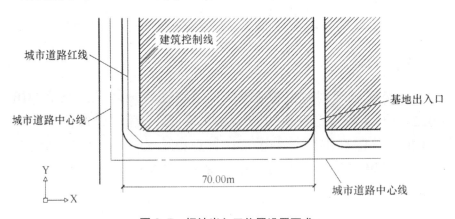

图 3-7　场地出入口位置设置要求

场地出入口在满足各标准、规范指标要求的同时，出入口设计应不影响城市道路系统，保障居民人身安全。场地应有两个及两个以上不同方向通向城市道路的出口，且至少有一面直接连接城市道路，以减少人员疏散时对城市正常交通的影响。

3. 自行车停车场设计

自行车是常用的交通工具，具有轻便、灵活和经济的特点，且数量庞大。

自行车停车场指停放和储存自行车的场地。为满足民用建筑自行车停车需求，不同类建筑应结合自身的情况合理设置一定规模的自行车停车位（图 3-8），为绿色出行提供便利条件。

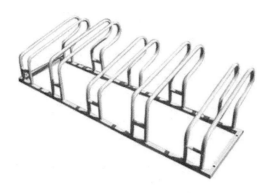

图 3-8　自行车停车位

4.立体停车场设计

立体停车楼是指通过多层停车空间斜坡将汽车停放在立体化停车楼,这种停车方式决定了车位应该置于主体建筑底部靠近地面的数层,因此此种停车方式也被称为"多层停车库",如图 3-9 所示。

图 3-9　多层停车库

二、绿色建筑的节水技术

《绿色建筑评价标准》GB/T 50378-2014 中节水与水资源利用主要关注给水排水系统节水、节水器具与设备、非传统水源利用三个方面。下面主要从绿色建筑节水技术的角度来阐述,重点介绍节水系统的技术内容。

（一）给水系统

建筑给水系统是将城镇给水管网或自备水源给水管网的水引入室内,选用适用、经济、合理的最佳供水方式,经配水管送至室内各种卫生器具、水龙头嘴、生产装置和消防设备,并满足用水点对水量、水压和水质要求的冷水供应系统。

室内给水方式指建筑内部给水系统的供水方式,一般根据建筑物的性质、高度、配水点的布置情况以及室内所需压力、室外管网水压和配水量等因素,通过综合评判法确定给水系统的布置形式。给水方式的基本形式有:（1）依靠外网压力的给水方式:直接给水方式,设水箱的给水方式;（2）依靠水泵升压的给水方式:设水泵的给水方式,设水泵水箱的给水方式,气压给水方式,分区给水方式。

根据各分区之间的相互关系,高层建筑给水方式可分为水泵串联分区给水方式(图 3-10)、水泵并联给水方式(图 3-11)和减压分区给水方式(图 3-12)。

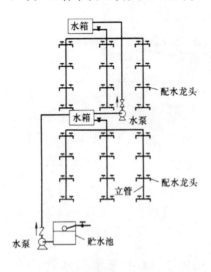

图 3-10　水泵串联分区给水方式

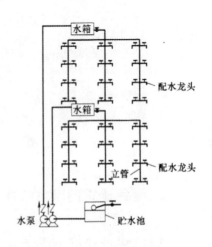

图 3-11　水泵并联给水方式

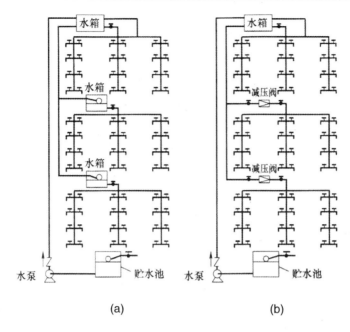

图 3-12　减压分区给水方式

(二)热水供应系统

热水供应系统按热水供应范围,可分为局部热水供应系统、集中热水供应系统和区域热水供应系统。

热水供应系统的组成因建筑类型和规模、热源情况、用水要求、加热和贮存设备的情况、建筑对美观和安静的要求等不同情况而异。典型的集中热水供应系统(图 3-13),主要由热媒系统(第一循环系统)、热水供水系统(第二循环系统)、附件三部分组成。热媒系统由热源、水加热器和热媒管网组成;热水供水系统由热水配水管网和回水管网组成;附件包括蒸汽、热水的控制附件及管道的连接附件,如温度自动调节器、疏水器、减压阀、安全阀、自动排气阀、膨胀罐、管道伸缩器、闸阀、水嘴等。

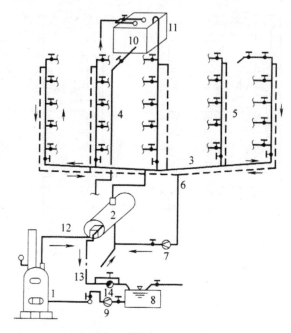

图 3-13　集中热水供应系统

注：1—锅炉；2—水加热器；3—配水干管；4—配水立管；5—回水立管；6—回水干管；7—循环泵；8—凝结水池；9—冷凝水泵；10—给水水箱；11—透气管；12—热媒蒸汽管；13—凝水管；14—疏水器

（三）超压出流控制

超压出流是指给水配件阀前压力大于流出水头,给水配件在单位时间内的出水量超过确定流量的现象。该流量与额定流量的差值,为超压出流量。

超压出流现象出现于各类型建筑的给水系统中,尤其是高层及超高层的民用建筑。因此,给水系统设计时应采取措施控制超压出流现象,合理进行压力分区,并适当地采取减压措施,避免造成浪费。

目前常用的减压装置有减压阀(图 3-14)、减压孔板、节流塞三种。

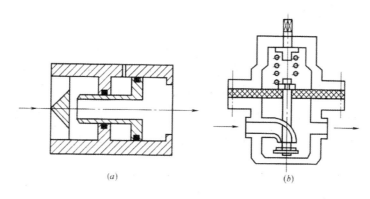

图 3-14 减压阀

三、绿色建筑的节能技术

（一）绿色建筑门窗节能技术

1. 控制窗墙面积比

通常窗户的传热热阻比墙体的传热热阻要小得多，因此，建筑的冷热耗量随窗墙面积比的增加而增加。作为建筑节能的一项措施要求在满足采光通风的条件下确定适宜的窗墙比。因全国气候条件各不相同，窗墙比数值应按各地方建筑规范予以计算。

2. 提高窗户的隔热性能

窗户的隔热就是要尽量阻止太阳辐射直接进入室内，减少对人体与室内的热辐射。提高外窗特别是东、西外窗的遮阳能力，是提高窗户隔热性能的重要措施。通过建筑措施，实现窗户的固定外遮阳，如增设外遮阳板、遮阳棚及适当增加南向阳台的挑出长度都能够起到一定的遮阳效果。而在窗户内侧设置如窗帘、百叶、热反射帘或自动卷帘等可调节的活动遮阳装置同样可以实现遮阳目的。

3. 提高门窗的气密性

在设计中应尽可能减少门窗洞口，加强门窗的密闭性。可在出入频繁的大门处设置门斗，并使门洞避开主导风向。当窗户的密封性能达不到节能标准要求时，应当采取适当的密封措施，如在缝隙处设置橡皮、毡片等制成的密封条或密封胶，提高窗户的气密性。

4. 选用适宜的窗型

门窗是实现和控制自然通风最重要的建筑构件。首先，门窗装置的方式对室内自然通风具有很大的影响。门窗的开启有挡风或导风作用，装置得当，则能增加室内空气通风效果。从通风的角度考虑，门窗的相对位置以贯通为好，尽量减少气流的迂回和阻力。其次，中悬窗、上悬窗、立转窗、百叶窗都可起调节气流方向的作用。

（二）绿色建筑屋面节能技术

1. 倒置式保温屋面

倒置式屋面是将传统屋面构造中的保温层与防水层颠倒，把保温层放在防水层的上面，对防水层起到一个屏蔽和保护的作用，使之不受阳光和气候变化的影响，不易受到来自外界的机械损伤，是一种值得推广的保温屋面。倒置式屋面主要构造简图如图 3-15 所示。

2. 蓄水屋面

蓄水屋面是指在屋面防水层上蓄一定高度的水，起到隔热作用的屋面。其原理是在太阳辐射和室外气温的综合作用下，水能吸收大量的热而由液体蒸发为气体，从而将热量散发到空气中，减少了屋盖吸收的热能，起到隔热和降低屋面温度的作用。蓄水屋面的主要构造简图如图 3-16 所示。

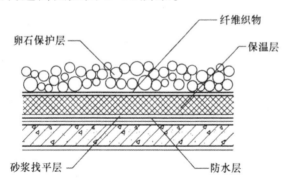

图 3-15 倒置式层面主要构造简图

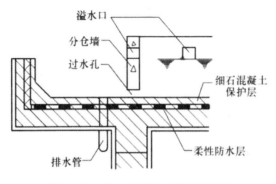

图 3-16 蓄水层面的主要构造简图

四、绿色建筑的节材技术

(一)绿色建筑用料节材技术

1. 采用高强建筑钢筋

我国城镇建筑主要是采用钢筋混凝土建造的,钢筋用量很大。一般来说,在相同承载力下,强度越高的钢筋,其在钢筋混凝土中的配筋率越小。相比于 HRB335 钢筋,以 HRB400 为代表的钢筋具有强度高、韧性好和焊接性能优良等特点,应用于建筑结构中具有明显的技术经济性能优势。经测算,用 HRB400 钢筋代替 HRB335 钢筋,可节省 10%—14% 的钢材,用 HRB400 钢筋代

换 φ12 以下的小直径 HPB235 钢筋,则可节省 40%以上的钢材;同时,使用 HRB400 钢筋还可改善钢筋混凝土结构的抗震性能。可见,HRB400 等高强钢筋的推广应用,可以明显节约钢材资源。

2. 采用强度更高的水泥及混凝土

我国城镇建筑主要是采用钢筋混凝土建造的,所以我国每年混凝土用量非常巨大。混凝土主要是用来承受荷载的,其强度越高,同样截面积承受的重量就越大;反过来说,承受相同的重量,强度越高的混凝土,它的横截面积就可以做得越小,即混凝土柱、梁等建筑构件可以做得越细。所以,建筑工程中采用强度高的混凝土可以节省混凝土材料。

3. 采用商品混凝土和商品砂浆

商品混凝土是指由水泥、砂石、水以及根据需要掺入的外加剂和掺合料等组分按一定比例在集中搅拌站(厂)经计量、拌制后,采用专用运输车,在规定时间内,以商品形式出售,并运送到使用地点的混凝土拌合物。我国目前商品混凝土用量仅占混凝土总量的 30%左右。我国商品混凝土整体应用比例的低下,也导致大量自然资源浪费。因为相比于商品混凝土的生产方式,现场搅拌混凝土要多损耗水泥 10%—15%,多消耗砂石 5%—7%。商品混凝土的性能稳定性也比现场搅拌好得多,这对于保证混凝土工程的质量十分重要。

商品砂浆是指由专业生产厂生产的砂浆拌合物。商品砂浆也称为预拌砂浆,包括湿拌砂浆和干混砂浆两大类。相比于现场搅拌砂浆,采用商品砂浆可明显减少砂浆用量;对于多层砌筑结构,若使用现场搅拌砂浆,则每平方米建筑面积需使用砌筑砂浆量为 $0.20m^3$,而使用商品砂浆则仅需要 $0.13m^3$,可节约 35%的砂浆量;对于高层建筑,若使用现场搅拌砂浆,则每平方米建筑面积需使用抹灰砂浆量为 $0.09m^3$,而使用商品砂浆则仅需要 $0.038m^3$,可节约抹灰砂浆用量 58%。目前,我国的建筑工程量巨大,世界上几乎 50%的水泥消耗在我国,但是我国商品砂浆年用量就显得很少。2005 年刚刚达到 407 万 t,不足建筑砂浆总量的 2%。近年来,我国每年城镇建筑需消耗砂浆有 3.5 亿 t 之多。如果全国更大范围内推广应用商品砂浆,则节约的砂浆量相当可观。

4. 采用散装水泥

散装水泥是相对于传统的袋装水泥而言的,是指水泥从工厂生产出来之后不用任何小包装直接通过专用设备或容器从工厂输到中转站或用户手中。20 年多来,我国一直是世界第一水泥生产大国,但却是散装水泥使用小国。2005 年我国水泥总产量为 10.64 亿 t,但是散装水泥供应量为 3.8 亿 t,散装率只有 36%左右,与世界工业化发达国家水泥散装率 90%以上的比例相差很大。

5. 采用专业化加工配送的商品钢筋

专业化加工配送的商品钢筋是指在工厂中把盘条或直条钢线材用专业机械设备制成钢筋网、钢筋笼等钢筋成品,直接销售到建筑工地,从而实现建筑钢筋加工的工厂化、标准化及建筑钢筋加工配送的商品化和专业化。由于能同时为多个工地配送商品钢筋,钢筋可进行综合套裁,废料率约为 2%,而工地现场加工的钢筋废料率约为 10%。

现行混凝土结构建筑工程施工主要分为混凝土、钢筋和模板三个部分。商品混凝土配送和专业模板技术近几年发展很快,而钢筋加工部分发展很慢,钢筋加工生产远落后于另外两个部分。我国建筑用钢筋长期以来依靠人力进行加工,随着一些国产简单加工设备的出现,钢筋加工才变为半机械化加工方式,加工地点主要在施工工地。

这种施工工地现场加工的传统方式,不仅劳动强度大,加工质量和进度难以保证,而且材料浪费严重,往往是大材小用、长材短用,加工成本高,安全隐患多,占地多,噪声大。所以,提高建筑用钢筋的工厂化加工程度,实现钢筋的商品化专业配送,是建筑行业的一个必然发展方向。

(二)绿色建筑结构节材技术

1.房屋的基本构件

每一栋独立的房屋都是由各种不同的构件有规律按序组成的,这些构件从其承受外力和所起作用上看,大体可以分成结构构件和非结构构件两种类别。

(1)结构构件。起支撑作用的受力构件,如板、梁、墙、柱。这些受力构件的有序结合可以组成不同的结构受力体系,如框架、剪力墙等,用来承担各种不同的垂直、水平荷载以及产生各种作用。

(2)非结构构件。对房屋主体不起支撑作用的自承重构件,如轻隔墙、幕墙、吊顶、内装饰构件等。这些构件也可以自成体系和自承重,但一般条件下均视其为外荷载作用在主体结构上。

2.建筑结构的类型

(1)砌体结构

砌体结构的材料主要有砖砌块、石体砌块、陶粒砌块以及各种工业废料所制作的砌块等。建筑结构中所采用的砖一般指黏土砖。黏土砖以黏土为主要原料,经泥料处理、成型、干燥和焙烧而成。黏土砖按其生产工艺不同可分为机制砖和手工砖;按其构造不同又可分为实心砖、多孔砖、空心砖。砖块不能直接用于形成墙体或其他构件,必须将砖和砂浆砌筑成整体的砖砌体,才能形成墙体或其他结构。砖砌体是我国目前应用最广的一种建筑材料。

砌体结构的优点是:能够就地取材、价格比较低廉、施工比较简便,在我国有着悠久的历史和经验。砌体结构的缺点是:结构强度比较低,自重大、比较笨重,建造的建筑空间和高度都受到一定的限制。其中采用最多的黏土砖还要耗费大量的农田。

（2）钢筋混凝土结构

钢筋混凝土结构的材料主要有砂、石、水泥、钢材和各种添加剂。通常讲的"混凝土"一词，是指用水泥作胶凝材料，以砂、石子作骨料与水按一定比例混合，经搅拌、成型、养护而得的水泥混凝土，在混凝土中配置钢筋形成钢筋混凝土构件。

钢筋混凝土结构的优点是：材料中主要成分可以就地取材，混合材料中级配合理，结构整体强度和延展性都比较高，其创造的建筑空间和高度都比较大，也比较灵活，造价适中，施工也比较简便，是当前我国建筑领域采用的主导建筑类型。钢筋混凝土结构的缺点是：结构自重相对砌体结构虽然有所改进，但还是相对偏大，结构自身的回收率也比较低。

（3）钢结构

钢结构的材料主要为各种性能和形状的钢材。钢结构的优点是：结构轻质高强，能够创造很大的建筑空间和高度，整体结构也有很高的强度和延伸性。在现有技术经济环境下，符合大规模工业化生产的需要，施工快捷方便，结构自身的回收率也很高，这种体系在世界和我国都是发展的方向。钢结构的缺点是：在当前条件下造价相对比较高，工业化施工水平也有比较高的要求，在大面积推广的道路上，还有一段路程要走。

（三）绿色建筑装修节材技术

我国普遍存在的商品房二次装修浪费了大量材料，有很多弊端。为此，应该大力发展一次装修到位。商品房装修一次到位是指房屋交钥匙前，所有功能空间的固定面全部铺装或粉刷完成，厨房和卫生间的基本设备全部安装完成。

一次性装修到位不仅有助于节约，而且可减少污染和重复装修带来的扰邻纠纷，更重要的是有助于保持房屋寿命。一次性整体装修可选择菜单模式（也称模块化设计模式），由房地产开发商、装修公司、购房者商议，根据不同户型推出几种装修菜单供住户选择。考虑到住户个性需求，一些可以展示个性的地方，如厅的吊顶、玄关、影视墙等可以空着,由住户发挥。

从国外以及国内部分商品房项目的实践看来,模块化设计是发展方向——业主只需从模块中选出中意的客厅、餐厅、卧室、厨房等模块,设计师即刻就能进行自由组合,然后综合色彩、材质、软装饰等环节,统一整体风格,降低设计成本。

五、绿色建筑的室外环境技术

(一)室外热环境

热环境是指影响人体冷热感觉的环境因素,主要包括空气温度和湿度。热环境在建筑中分为室内热环境和室外热环境,这里主要介绍室外热环境。在建筑组团的规划中,除满足基本功能外,良好的建筑室外热环境的创造也必须予以考虑。建筑室外热环境是建造绿色建筑的非常重要的条件。

(二)室外热环境规划设计

根据生态气候地方主义理论,建筑设计应该遵循:气候—舒适—技术—建筑的过程。

(1)调研设计地段的各种气候地理数据,如温度、湿度、日照强度、风向风力、周边建筑布局、周边绿地水体分布等构成对地块环境影响的气候地理要素。

(2)评价各种气候地理要素对区域环境的影响。

(3)采用技术手段解决气候地理要素与区域环境要求的矛盾。

(4)结合特定的地段,区分各种气候要素的重要程度,采取相应的技术手段进行建筑设计,寻求最佳设计方案。

(三)室外热环境设计技术措施

1.室外热环境设计技术措施

(1)地面铺装。地面铺装的种类很多,按照其自身的透水性能分为透水铺装和不透水铺装。这里以不透水铺装中的水泥、沥青为例做介绍。水泥、沥青地面具有不透水性,因此没有潜热蒸发的降温效果。其吸收的太阳辐射一部分通过导热与地下进行热交换,另一部分以对流形式释放到空气中,其他部分与大气进行长波辐射交换。研究表明,其吸收的太阳辐射能需要通过一定的时间延迟才释放到空气中。同时由于沥青路面的太阳辐射吸收系数更高,因此温度更高。

（2）绿化。绿地和遮阳不仅是塑造宜居室外环境的有效途径,同时对热环境影响很大,绿化植被和水体具有降低气温、调解湿度、遮阳防晒、改善通风质量的作用。而绿化水体还可以净化水质,减弱水面热反射,从而使热环境得到改善。

2.遮阳构件

室外遮阳形式主要包括人工构件遮阳、绿化遮阳、建筑遮阳。下面主要介绍人工遮阳构件。

（1）遮阳伞(篷)、张拉膜、玻璃纤维织物等。遮阳伞是现代城市公共空间中最常见、方便的遮阳措施。很多商家在举行室外活动时,往往利用巨大的遮阳伞来遮挡夏季强烈的阳光。

（2）百叶遮阳。百叶遮阳主要有下面的优点:百叶遮阳通风效果较好,可以降低其表面温度,改善环境舒适度;通过合理设计百叶角的角度,利用冬、夏太阳高度角的区别获得更合理利用太阳能的效果;百叶遮阳光影富有变化,韵律感很强,可以创造出丰富的光影效果。

第四章 绿色建筑设计的材料选择与设施设备选型

建筑是由建筑材料构成的。因此,在建筑设计中,建筑材料的选择也是很重要的一个内容。绿色建筑所使用的往往是绿色建筑材料。绿色建筑材料环保、节能、舒适、多功能,因而近年来越来越受到人们的关注,它也势必朝着一个更好的方向发展。

另外,绿色建筑设计的设施设备是安装在绿色建筑物内,为人们居住、生活、工作提供便利、舒适、安全等,保证绿色建筑节能、环保、安全、健康等"绿色"功能顺利运行实现的设施设备。对现行建筑设施、设备的设计选型进行绿色化指导,确保设施设备绿色功能运作与节能环保效益的同步实现,是绿色建筑设计研究的重要内容。

本章主要对这两大层面展开分析。

第一节 绿色建筑设计的材料选择

一、绿色建筑材料的内涵

(一)绿色建筑材料的含义

绿色建筑材料就是指健康型、环保型、安全型的建筑材料,在国际上也称为"健康建材""环保建材"或"生态建材"。从广义上讲,它不是一种独特的建材产品,而是对建材"健康、环保、安全"等属性的一种要求,对原材料生产、加工、施工、使用及废弃物处理等环节,贯彻环保意识及实施环保技术,达到环保要求。

绿色材料的概念于 1988 年在第一届国际材料科学研究会上首次提出。1992 年,国际学术界给绿色材料定义为:在原料采取、产品制造、应用过程和使用以后的再生循环利用等环节中对地球环境负荷最小和对人类身体健康无害的材料。

在我国,1999 年召开的首届全国绿色建材发展与应用研讨会明确提出了绿色建材的定义,即采用清洁生产技术,不用或少用天然资源和能源,大量使用工农业或城市固态废弃物生产的无毒害、无污染、无放射性,达到使用周期后可回收利用,有利于环境保护和人体健康的建筑材料。这一定义的确定,有力地推动了我国绿色建材产业的健康、可持续发展。不过,从现状看,国内对它的应用并不是很广泛,还需要在此方面做出较大的努力。

(二)绿色建筑材料的类型

根据绿色建筑材料的基本概念与特征,国际上将绿色建筑材料分为以下几类。

1. 基本型建筑材料

一般能满足使用性能要求和对人体健康没有危害的建筑材料就被称为基本型建筑材料。这种建筑材料在生产及配置过程中,不会超标使用对人体有害的化学物质,产品中也不含有过量的有害物质,如甲醛、氮气和挥发性有机物等。

2. 节能型建筑材料

节能型建筑材料是指在生产过程中对传统能源和资源消耗明显小的建筑材料,如聚苯乙烯泡沫塑料板、膨胀珍珠岩防火板、海泡石、镀膜低辐射玻璃、聚乙烯管道等。如果能够节省能源和资源,那么人类使用有限的能源和资源的时间就会延长,这对于人类及生态环境来说都是非常有贡献意义的,也非常符合可持续发展战略的要求。节能型建筑材料同时降低能源和资源消耗,也就降低了危害生态环境的污染物产生量,这又能减少治理的工作量。生产这种建筑材料通常会采用免烧或者低温合成,以及提高热效率、降低热损失和充分利用原料等新工艺、新技术和新型设备。

3. 环保型建筑材料

环保型建筑材料是指在建材行业中利用新工艺、新技术,对其他工业生产的废弃物或者经过无害化处理的人类生活垃圾加以利用而生产出的建筑材料。例如,使用电厂粉煤灰等工业废弃物生产墙体材料,使用工业废渣或者生活垃圾生产水泥等。环保型乳胶漆、环保型油漆等化学合成材料,甲醛释放量较低、达到国家标准的大芯板、胶合板、纤维板等也都是环保型的建筑材料。近年来,一种新的环保型、生态型的道路材料——透水地坪也越来越多地被应用。

4. 安全舒适型建筑材料

安全舒适型建筑材料是指具有轻质、高强、防水、防火、隔热、隔声、保温、调温、调光、无毒、无害等性能的建筑材料。这类建筑材料与传统建筑材料有很大的不同,它不再只重视建筑结构和装饰性能,还会充分考虑安全舒适性。所以,这类建筑材料非常适用于室内装饰装修。

5. 特殊环境型建筑材料

特殊环境型建筑材料是指能够适应特殊环境(海洋、江河、地下、沙漠、沼泽等)需要的建筑材料。这类建筑材料通常都具有超高的强度、抗腐蚀、耐久性能好等特点。我国开采海底石油、建设长江三峡大坝等宏伟工程都需要这类建筑材料。如果能改善建筑材料的功能,延长建筑材料的寿命,那么自然也就改善了生态环境,节省了资源。一般来说,使用寿命增加一倍,等于生产同类产品的资源和能源节省了1倍,对环境的污染也减少了1倍。显然,特殊环境型建筑材料也是一种绿色建筑材料。

6.保健功能型建筑材料

保健功能型建筑材料是指具有保护和促进人类健康功能的建筑材料。这里的保健功能主要指消毒、防臭、灭菌、防霉、抗静电、防辐射、吸附二氧化碳等对人体有害的气体等的功能。传统建筑材料可能不危害人体健康就可以了,但这种建筑材料不仅不危害人体健康,还会促进人体健康。因此,它作为一种绿色建筑材料越来越受到人们的喜爱,常常被运用于室内装饰装修中。防静电地板就是这种类型的绿色建筑材料。当它接地或连接到任何较低电位点时,使电荷能够耗散,因而能防静电。这种地板主要用在计算机房、数据处理中心、实验室等房间中。

二、绿色建筑材料的选择与运用

发展绿色建筑已成为我国实现社会和经济可持续发展的重要一环,受到建筑工程界的极大关注,并开展了大量的研究和实践。发展绿色建筑涉及规划、设计、材料、施工等方方面面的工作,对建筑材料的选用是其中很重要的一个方面。选择与运用绿色建筑材料时,应当充分注意以下几个方面。

（一）不损害人的身体健康

首先,要严格控制建筑材料的有害物含量比国家标准的限定值低。建筑材料的有害物释放是造成室内空气污染而损害人体健康的最主要原因。高分子有机合成材料释放的挥发性有机化合物(包括苯、甲苯、游离甲醛等),人造木板释放的游离甲醛,天然石材、陶瓷制品、工业废渣制成品和一些无机建筑材料的放射性污染,混凝土防冻剂中的氨,都是有害物,会严重危害人体健康。所以,要控制含有这类有害物的建筑材料进入市场。

其次,为了不损害人体健康,还应选用有净化功能的建筑材料。当前一些单位研制了对空气有净化功能的建筑涂料,已上市的产品主要有利用纳米光催化材料(如纳米 TiO_2)制造的抗菌除臭涂料;负离子释放涂料;具有活性吸附功能、可分解有机物的涂料。将这些材料涂刷在空气被挥发性有害气体严重污染的空间内,可清除被污染的气体,起到净化空气的作用。

(二)符合国家的资源利用政策

在选择绿色建筑材料时,应注意国家的资源利用政策。

首先,要选用可循环利用的建筑材料。就当前来看,除了部分钢构件和木构件外,这类建筑材料还很少,但已有产品上市,如连锁式小型空心砌块,砌筑时不用或少用砂浆,主要是靠相互连锁形成墙体;当房屋空间改变需拆除隔墙时,不用砂浆砌筑的大量砌块完全可以重复使用。又如,外墙自锁式干挂装饰砌块,通过搭叠和自锁安装,完全不用砂浆,当需改变外装修立面时,能很容易被完整地拆卸下来,重复使用。

其次,要拆除旧建筑物的废弃物,再生利用施工中产生的建筑垃圾。这是使废弃物"减量化"和"再利用"的一项技术措施。关于这一点,我国还处于起步阶段。以下是我国在这方面已经做出的一些成果:将结构施工的垃圾经分拣粉碎后与砂子混合作为细骨料配制砂浆。将回收的废砖块和废混凝土经分拣破碎后作为再生骨料用于生产非承重的墙体材料和小型市政或庭园材料。将经过优选的废混凝土块分拣、破碎、筛分和配合混匀形成多种规格的再生骨料后可配制 C30 以下的混凝土。用废热塑性塑料和木屑为原料生产塑木制品。

需要注意,对于此类材料的再生利用一定要有技术指导,要经过试验和检验,保证制成品的质量。

（三）符合国家的节水政策

我国水资源短缺,仅为世界人均值的 1/4,有大量城市严重缺水,因此"节水"是我国社会主义建设中的重要任务。我国也不断地在提倡建设节约型社会。房屋建筑的节水是其中的一项重要措施,而搞好与房屋建筑用水相关的建筑材料的选用是极重要的一环。在选择时,一定要注意符合国家的节水政策。

首先,要选用品质好的水系统产品,包括管材、管件、阀门及相关设备、保证管道不发生渗漏和破裂。

其次,要选用易清洁或有自洁功能的用水器具,以减少器具表面的结污现象和节约清洁用水量。

再次,要选用节水型的用水器具,如节水龙头、节水坐便器等。

最后,在小区内尽量使用渗水路面砖来修建硬路面,以充分将雨水留在区内土壤中,减少绿化用水。

（四）选用耐久性好的建筑材料

耐久性是材料抵抗自身和自然环境双重因素长期破坏作用的能力。它是一种复杂的、综合的性质,包括抗冻性、抗渗性、抗风化性、耐化学腐蚀性、耐老化性、耐热性、耐光性、耐磨性等。材料的耐久性越好,使用寿命越长。建筑材料的耐久性能是否优良往往关乎着工程质量,同时也关乎着建筑的使用寿命。使用耐久性优良的建筑材料,不仅能够节约建筑物的材料用量,还能够保证建筑物的使用功能维持较长的时间。建筑物的使用期限延长了,房屋全生命周期内的维修次数就减少了,维修次数减少又能减少社会对材料的需求量,减少废旧拆除物的数量,从而也就能够减轻对环境的污染。由此可见,选择绿色建筑材料时一定要注意其耐久性。

（五）选用高品质的建筑材料

建筑材料的品质越高,其节能性、环保性、耐久性等也往往越高。因此,选择绿色建筑材料时,必须要达到国家或行业产品标准的要求,有条件的要尽量选用高品质的建筑材料,如选用高性能钢材、高性能混凝土、高品质的墙体材料和防水材料等。

第二节　绿色建筑设计的设施设备选型

一、给排水设施设备的设计选型

给排水设施设备是绿色建筑安装工程中的重要组成部分。随着社会经济的飞速发展,建筑物的高度也越来越高,人们的生活水平日益提高,对居住质量的要求也日益提高,对给排水的可靠性及材料设备选择等方面有很多要求。而给排水设施设备的设计选型对绿色建筑项目的使用状况、社会效益以及经济效益都有着直接的影响。因此,研究绿色建筑给排水设施设备的设计选型是非常重要的。

（一）绿色建筑给水设施设备的设计选型

绿色建筑内部给水系统是指给水的取水、输水、水质处理和配水等设施以一定的方式组合成的总体,是通过管道及辅助设备,按照建筑物和用户的生产,生活和消防的需要有组织地输送到用水地点的网络。给水系统主要由引入管、水表节点、给水管道、用水设备和配水装置、给水附件及增压和贮水设施设备组成,如图4-1所示。

根据用途不同,绿色建筑给水设施设备可以分为生活给水系统、生产给水系统和消防给水系统三类。根据建筑的具体情况,有时将这三类基本给水系统或其中两类基本系统合并成:生活—生产—消防给水系统、生活—消防给水系统、生产—消防给水系统。

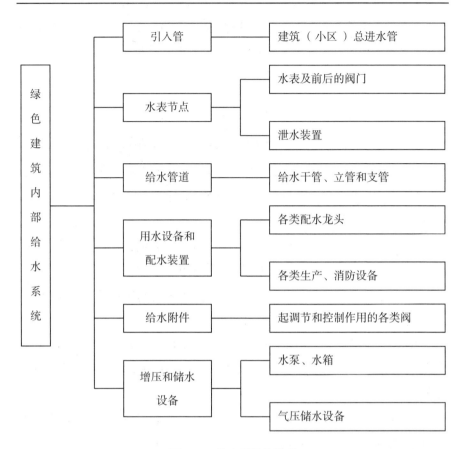

图 4-1　给水系统的构成

生活给水一般是指卫生间盥洗、冲洗卫生器具、沐浴、洗衣、厨房洗涤、烹调用水和浇洒道路、广场、清扫、冲洗汽车及绿化等用水。

生活给水系统按水温、水质又可分为冷水系统、饮水系统和热水系统三类。冷水系统是将直接用城市自来水或其他自备水源作为生活用水的给水系统。饮水系统是用水经过深度处理和再消毒后供应，以确保饮水卫生的给水系统。热水系统是用水户的卫生间、洗衣房和厨房等需要一定温度的热水而单独设置管道系统。

生产给水系统是指为工业企业生产方面用水所设置的给水系统，主要指供生产设备冷却，产品、原料洗涤，锅炉用水和各类产品制造过程中所需的生产用水。

消防给水系统是指供层数较多的民用建筑、大型公共建筑及某些生产车间的消防设备用水系统。建筑消防给水系统是建筑给水系统的一个重要组成部分。

1. 绿色建筑给水设施设备选型的要求

绿色建筑设施设备的选型，针对不同的用途给出了相应的评价标准，因此在建筑给水设施设备的选型过程中要遵循以下要求。

第一，给水系统要完善，水压要稳定可靠，不同用途的水的水质都要符合国家或行业规定的标准。

第二，为实现节约和合理用水的目的，用水要分户、分用途设置计量仪表，并采取有效措施避免管网出现渗漏。

第三，生产性给水设施和消防性给水设施要满足非传统水源的供给要求。

第四，绿化用水、景观用水等非饮用水用非传统水源，绿化灌溉选用可以微灌、喷灌、滴灌、渗灌等高效节水的灌溉方式，设备的节水率与传统方法相比要降低 10%。

第五，公共建筑的一些用水设备（如游泳池等），要选用技术先进的循环水处理设备，并采用节水和卫生换水方式。

第六，选用的给水设施设备要具有节水性能，住宅建筑设备的节水率不低于 8%，公共建筑设备的节水率不低于 15%。

第七，管材、管道附件及设备等给水设施的选取和运行要能有效地防止和检测管道渗漏，要能够避免二次污染。

第八，给水设施设备的选择要符合《建筑给水排水设计规范》（GB 50015-2009）中的相关技术规范，生活给水系统的设施设备的选择要符合《生活饮用水卫生标准》（GB 5749-2012）中的要求。

2. 绿色建筑给水设施设备的选型

（1）给水管材、管件及连接设备选择

首先，给水管材是建筑给水系统连接设备，由于管材的选择直接涉及用水安全,因此管材的选择一定要遵循安全无害的原则。新建、改建和扩建的城市管道和住宅小区室外给水管道,应选择硬聚氯乙烯、聚乙烯塑料管,大口径的给水管道可以选择钢塑复合管;新建、改建住宅室内给水管道、热水管道和供暖管道,应优先选择铝塑复合管、交联聚乙烯等新型管材。绿色建筑给水管材的选择,必须遵守《建筑给水排水设计规范》(GB 50015-2009)中第3.4.1—3.4.3条的相关规定。

要注意的是,世界上许多国家已明文规定不准使用镀锌钢管,因为钢管易产生锈蚀、结垢和滋生细菌,且使用寿命较短。我国已开始推广应用塑料或复合管。

其次,建筑给水管件和连接设备的选择通常和给水管材的选择是一致的。

(2)建筑给水管道附件的选择

建筑给水管道附件是指给水管道上的配水龙头和调节水量、水压、控制水流方向、水位和保证设备仪表检修用的各种阀门,即安装在管道和设备上的启闭和调节装置的总称,主要包括配水附件和控制附件两类。

一般来说,绿色建筑设计中给水管道附件的选择应遵循以下原则和方法。

第一,要满足节水节材的要求。节水就是要保证这些配水附件无渗透,关闭紧密;节材就是要保证质量,达到一定的使用年限。

第二,要满足用水安全的要求。

(3)给水系统计量水表的选择

水表是测量水流量的仪器,大多是水的累计流量测量,一般可分为容积式和速度式两类,有的分为旋翼式和螺翼式两种。

一般来说,绿色建筑设计中给水系统计量水表的选择应遵循以下原则和方法。

第一,要满足节水、精确和使用安全要求,要不漏水且无污染。

第二,水表的口径宜与给水管道接口的管径一致。

第三，水表的选择要根据管径的大小，要因材制宜。

第四，用水量均匀的生活给水系统的水表，应以给水设计流量选定水表的常用流量。

第五，用水量不均匀的生活给水系统的水表，应以给水设计流量选定水表的过载流量。

第六，当管径大于 50mm 时，要选用螺翼式水表。

第七，在消防时除生活用水外，还需通过消防流量的水表，应以生活用水的设计流量叠加消防流量进行校核，校核流量不应大于水表的过载流量。

（4）给水系统水箱装置的选择

建筑给水系统需要增压、稳压、减压或者需要一定储存水量时需要设置水箱。水箱一般用钢板、钢筋混凝土、玻璃钢等材料制作而成。常用的玻璃钢水箱，这种水箱质量轻、强度高、耐腐蚀，安装方便，也能保证用水安全。

一般来说，绿色建筑设计中水箱装置的选择应遵循以下原则和方法。

第一，水塔、水池、水箱等构筑物应设进水管、出水管、溢流管、泄水管和泄水装置。

第二，水箱设置和管道布置应符合《建筑给水排水设计规范》（GB 50015-2009）中第 3.2.9、3.2.10、3.2.12 和 3.2.13 条有关防止水质污染的规定。

（5）系统气压给水设备的选择

气压给水设备是利用密闭罐中压缩空气的压力变化，进行储存、调节和压送水量的装置，在给水系统中主要起增压和水量调节的作用，相当于水塔和高水位箱。

一般来说，绿色建筑设计中水箱装置的选择应遵循以下原则和方法。

第一，气压罐内的最低工作压力，应满足管网最不利处的配水点所需要的水压。

第二，水泵（或泵组）的流量不应小于给水系统最大小时用水量的 1.2 倍。

第三,气压给水设备的选择应符合下列规定:气压水罐内的最高工作压力,不得使管网最大水压处配水点的水压大于 0.55MPa。

(二)绿色建筑排水设施设备的设计选型

绿色建筑室内排水系统主要是迅速地把污水排到室外,并能同时将管道内有有毒有害气体排出,从而保证室内环境卫生。完整的建筑排水系统基本由卫生器具、排水管道、通气管道、清通设备、抽升设备和污水处理局部构筑物部分组成。

根据所接纳排除的污废水性质不同,建筑排水系统可分为生产废水系统、生活污水系统和雨水系统三类。

生产废水系统排除工艺生产过程中产生的污废水,按污染程度可分为生产废水排水系统和生产污水排水系统。前者污染较轻,可作为杂用水水源,也可经过简单处理后(如降温)回用或排入水体;后者污染较重,需要经过处理,达到排放标准后排放。

生活污水系统排除居住建筑、公共建筑及工厂生活间的污(废)水。生活废水经过处理后,可作为杂用水,用来冲洗厕所、浇洒绿地和道路、冲洗汽车等。

雨水系统是用来收集降落到多跨工业厂房、大屋面建筑和高层建筑屋面上的雨雪水的。

1. 建筑排水设施设备选型的要求

第一,绿色建筑应实施分质排水,采用建筑自身优质杂排水、杂排水作为再生水资源。

第二,绿色建筑应设置独立的雨水排水系统,设置雨水储存池,提高非传统水源的利用率。

第三,绿色建筑在选择排水设施时要以《建筑给水排水设计规范》(GB 50015-2003)的相关技术要求和《绿色建筑评价标准》(GB 50378-2006)的相关规定为依据。

2. 建筑排水设施设备的选型

（1）排水方式的选择

绿色建筑内部的排水方式可分为分流制和合流制两种，分别称为建筑内部分流排水和建筑内部合流排水，前者是各渠道产生的废、污水各自由单独的排水系统排出，后者是各种废、污水由一套排水系统排出。《绿色建筑评价标准》（GB/T 50378-2006）要求绿色建筑实施分质排水，所以绿色建筑不但室内排水要选择内部分流制，还要设置单独的雨水排放系统和收集系统。

（2）卫生器具的选择

卫生器具是建筑内部排水系统的重要组成部分，主要包括便溺器具、洗漱器具、洗涤器具等。卫生器具一般采用不透水、无气孔、表面光滑、耐腐蚀、耐冷热、便于清洁、有一定强度的材料，如陶瓷、塑料、不锈钢、复合材料等。

一般来说，卫生器具的选择应遵循以下原则和方法。

第一，卫生器具的材质和要求，均应符合现行的有关产品标准的规定。

第二，卫生器具要冲洗力强、节水消声、便于控制、使用方便。

第三，民用建筑选用的卫生器具节水率不得低于 8%，公共建筑选用的卫生器具节水率不得低于 25%。

第四，构造内无存水弯的卫生器具与生活污水管道或其他可能产生有害气体的排水管道连接时，必须在排水口以下设存水弯。存水弯的水封深度不得小于 50mm。

第五，医疗卫生机构内门诊、病房、化验室、试验室等处，不在同一房间内的卫生器具不得共用存水弯。

（3）排水管道的选择

排水管道的选择关系到排水是否畅通的问题，主要包括管材选择与管径的选择。

首先，排水管材的选择应遵循以下原则。

第一，建筑物内部排水管道，应采用建筑排水塑料管及管件或柔性接口机制排水铸铁管及相应管件。

第二,当排水的温度大于40℃时,应采用金属排水管或耐热塑料排水管。

第三,居住小区内的排水管道,宜采用埋地排水塑料管、承插式混凝土管或钢筋混凝土管;当居住小区内设有生活污水处理装置时,生活排水管道应采用埋地排水塑料管。

其次,卫生器具排水管的管径应符合《建筑给水排水设计规范》(GB 50015-2009)的规定。

(4)地漏设备的选择

地漏是设置在经常有水溅落的地面、有水需要排除的地面和需要清洗的地面(如厕所、淋浴间、卫生间等)的一种特殊排水装置。

一般来说,地漏的选择应符合下列要求。

第一,地漏管径的选择应符合《建筑给水排水设计规范》(GB 50015-2009)的相关规定。

第二,地漏的种类选择应优先采用直通式地漏。

第三,食堂、厨房和公共浴室等排水,宜设置网框式地漏。

第四,卫生标准要求高或非经常使用地漏排水的场所,应设置密封地漏。

(5)排水通气管选择

绿色建筑要尽可能迅速安全地将管道内散发的有毒有害气体排放到屋顶上方的大气中去,所以必须设置通气管。

一般来说,通气管的选型需要满足下列条件。

第一,通气管的管材,一般可采用塑料管、柔性接口排水铸铁管等。

第二,当通气立管的长度在50m以上时,其通气管的管径应与排水立管的管径相同。

第三,结合通气管的管径不宜小于通气立管的管径。

第四,伸顶通气管的管径与排水立管的管径相同。但在最冷月平均气温低于-13℃的地区,应在室内平顶或吊顶以下0.3m

处将管径放大一级。

第五，当通气立管的长度小于等于 50m 时，且两根及两根以上排水立管同时与一根通气立管相连，应以最大一根排水立管按《建筑给水排水设计规范》确定通气立管的管径，且管径不宜小于其余任何一根排水立管的管径。

第六，当两根或两根以上污水立管的通气管汇合连接时，汇合通气管的断面积应为最大一根通气管的断面积加其余通气管断面积之和的 0.25 倍。

（7）提升设备的选择

排水系统的提升设备包括污水集水池和污水泵两个部分。

污水集水池的选择要求。一般来说，污水集水池的有效容积不宜大于最大一台污水泵 5min 的出水量，应有不小于 0.05 坡度坡向泵位，最低水位应满足水泵吸水的要求，宜设置自冲管和水位指示装置，必要时应设置超警戒水位报警装置。此外，集水池还应满足水泵设置、水位控制、格栅等安装、检查要求；生活排水调节池的有效容积不得大于 6h 生活排水平均小时流量。

污水泵的选择要求。一般来说，污水泵应有不间断的动力供应能力；应设置自动控制装置，多台水泵可并联、交替或分段投入运行；应按提升高度、管路系统水头损失、另附加 2—3m 流出水头计算。此外，居住小区污水水泵的流量应按小区最大小时生活排水流量选定；建筑物内的污水水泵的流量应按生活排水设计秒流量选定。当有排水量调节时，可按生活排水最大小时流量选定。

（8）雨水排水设施设备的选择

绿色建筑特别强调对非传统水源的利用，其中就包括了对于雨水的利用，因此绿色建筑雨水排水设施设备的选型应遵循以下原则和方法。

第一，雨水排水设施设备选择要便于雨水迅速排除。

第二，雨水池或雨水箱要防腐耐用，并保证用水质量。

第三，设置独立的雨水收集系统（如雨水箱或雨水池），其规模按照建筑非传统水源使用量来确定,具体可参照《绿色建筑评价标准》(GB/T 50378-2006)中的评价等级确定。

第四,雨水管的管径选择应遵照《建筑给水排水设计规范》(GB 50015-2009)的相关规定。

第五,雨水提升设备要满足《公共建筑节能设计标准》(GB 50189-2005)中的相关要求。

第六,应设置雨水净化设备。处理后的雨水要达到雨水二次使用的相关要求。

二、强、弱电设施设备的设计选型

(一)绿色建筑强电设施设备的设计选型

绿色建筑的强电系统主要由供电系统、输电系统、用电系统和配电系统四大部分组成。其中供电系统包括城市供电和自身供电两个方面;输电系统主要是指导线的配置;用电系统主要是指家用电器中的照明灯具、电热水器、取暖器、冰箱、电视机、空调、音响设备等家用电器设备;配电系统包括变电室、配电箱和配电柜。强电设施设备是建筑的主要用电设备,无论从安全角度,还是从节能的角度,强电设施设备的选择都应当慎重。

1. 绿色建筑强电设施设备选型的要求

为了保证绿色建筑强电设施设备能安全、有效地运行,在进行选型中必须遵循以下要求。

第一,供电系统设计必须认真执行国家的技术经济政策,并应做到系统完善,电力要达到国家或行业规定的标准,而且电压要稳定可靠。

第二,强电设施设备的选型必须遵守《绿色建筑评价标准》(GB/T 50378-2006)相关节能规定和《住宅建筑电气设计规范》(JGJ 42-2011)等建筑电工设计的相关技术规范要求。

第三,用电要分户、分用途设置计量仪表,并采取有效措施避免电力线破损。

第四,用电设备要高效节能,公共建筑的照明设计应符合国家现行标准《建筑照明设计标准》(GB 50034-2013)中的有关规定。在保证相同的室内环境参数条件下,与未采取节能措施前相比,全年采暖、通风、空调调节和照明的总能耗应减少50%。

第五,绿色建筑应当有自己的独立供电系统,一般应有太阳能、风能和生物能发电系统,且以上发电系统的能源占总用电量的5%以上。

第六,用电设备的选择应根据建筑所需的相应负荷进行计算。

2.绿色建筑强电设施设备的选型

绿色建筑强电设施设备的选型主要是指供电设备、输电设备、用电设备和配电设备的选型。

(1)供电设备的选型

绿色建筑应自带供电设备,主要有柴油发电机、燃气发电机、风能发电机、太阳能电池板和生物发电机等。供电设备的选择应注意以下几个方面。

第一,为了满足备用电量的要求而需要使用柴油发电机的,应保证机房的通风和隔噪减震要求。

第二,如果选择使用燃气发电机,应采用分布式热电冷联供技术和回收燃气余热的燃气热泵技术,提高能源的综合利用率。

第三,太阳能和风能的使用要能够满足基本的照明和弱电设备的需要,要选用高效稳定的太阳能和风能设备。生物发电要选用高效的发酵设备和发电设备,做到最大化利用。此外,太阳能、风能和生物能发电设备可以配合使用,提高能源的利用率。

第四,可再生资源的使用应占建筑总能耗的5%以上。

(2)输电设备的选型

建筑工程的输电设备通常是指输电导线,常用的导线按材料不同,可分为铝线、铜线、铁线和混合材料导线等。导线和电缆界面的选择必须满足安全、可靠和经济的条件,具体来说导线的选择应注意以下要求。

第一,要选择导电性能好、发热较小、强度较高的导线。

第二,要选择外皮绝缘性能好、耐久耐腐蚀的导线,室外导线还应耐高温和耐低温。

第三,要满足建筑用电要求,导线的输电负荷应大于建筑用电负荷。

（3）用电设备的选型

建筑强电的用电设备的种类很多,如照明灯具、洗衣机、电视机、空调、冰箱、电热水器、取暖器等。为了满足绿色建筑的绿色化和人性化,用电设备选型应满足如下选择要求。

第一,所有选择的用电设备必须符合《绿色建筑评价标准》（GB/T 50378-2006）中的相关等级要求。

第二,空调采暖系统的冷热源机组能效比应符合国家和地方公共建筑节能标准有关规定。

第三,集中空调(含户式中央空调)系统所选用的冷水机组或单元式空调机组的性能系数(能效比)应符合国家标准《公共建筑节能设计标准》（GB 50189-2005）中的有关规定值。

第四,公共场所和部位的照明采用高效光源和高效灯具,照明功率密度应符合《建筑照明设计标准》（GB 50034-2013）中的规定。在自然采光的区域设定时间或光电控制的照明系统。

第五,选用效率高的用能设备。

（4）配电设备的选型

配电设备的选型应满足以下要求。

第一,配电设备的选型应符合建筑电工设计的相关技术规范要求。

第二,变压器的选择应考虑用电地方的电源电压、用户的实际用电负荷和所在地方的条件以及变压器容量、电压、电流及环境条件,其中容量选择应根据用户用电设备的容量、性质和使用时间来确定所需的负荷量。

第三,配电柜和低压配电箱应选择使用方便、安全可靠、发热量小、散热好的设备。

（二）绿色建筑弱电设施设备的设计选型

弱电是针对建筑物的动力、照明用电而言的,一般是指直流电路或音频、视频线路、网络线路、电话线路,直流电压一般在24V 以内。弱电电气设备如电话、电脑、电视机的信号输入(有线电视线路)、音响设备(输出端线路)等用电器。

弱电系统完成建筑物内部和内部及内部和外部间的信息传递与交换,一般包括火灾自动报警系统、广播及有线电视系统、安全防范系统、电话通信与计算机网络系统。

1.绿色建筑弱电设施设备选型的要求

第一,弱电设施设备的选用要保证其使用的可靠性和安全性,选型应符合《绿色建筑评价标准》(GB/T 50378-2006)中的相关要求。

第二,弱电设施设备的选择要便于操作和使用,并满足人性化的要求。

第三,建筑弱电系统应选择集成智能设备,能够实现建筑智能化管理。

第四,广播等音像系统要选择噪声很小的设备,满足《民用建筑隔声设计规范》(GB 50118-2010)中室内允许噪声标准一级要求。

第五,无线电设备等带有辐射的电子设备,其辐射值应在安全范围以内。

2.绿色建筑弱电设施设备的选型

（1）火灾自动报警系统的选型

火灾自动报警系统一般由触发器件、火灾报警装置、火灾警报装置和电源四部分组成,复杂的系统还包括消防联动控制装置。

①触发器件。触发器件是火灾自动报警系统中自动或者手

动产生火灾报警信号的器件,主要包括火灾探测器和手动报警按钮。火灾探测器的选择应该遵循以下原则。

第一,针对不同类型的火灾选择不同的火灾探测器,要因材适用。

第二,选材应符合国家现行标准的有关规定。

第三,选材要质量安全、性能可靠,保证在特定的环境中能正常起到监控作用。

第四,要选择报警准确和智能化的探测器,提高报警精度、自动化和智能化水平。

②火灾报警装置。火灾报警装置是火灾自动报警系统中用以接受、显示和传递火灾报警信号,并能发出控制信号和具有其他辅助功能的控制指示设备。绿色建筑火灾报警控制器的选择应该满足准确性、安全可靠性和智能化的要求。

③火灾警报装置。火灾警报装置是火灾自动报警系统中用以发出区别于环境声、光的火灾警报信号的装置,这是一种最基本的火灾警报装置。警报装置主要是指警铃、声光装置,是在火灾发生时,发出声音和光来提醒人们知道火灾已经发生。火灾警报器通常与火灾报警控制器组合在一起,它以声、光音响方式向报警区域发出火灾警报信号,以警示人们采取安全疏散、灭火救灾措施,所以要注意选择声音穿透性强、提示效果好的产品,便于提示人们迅速疏散。

④消防联动控制设备。消防联动控制设备是指收到来自触发器件的火灾报警信号时,火灾报警系统中能自动或手动启动相关消防设备及显示其状态的设备。绿色建筑的消防联动控制设备选择首先要齐全,保证整个建筑的消防控制安全;其次,选择的设备要质量可靠,即能对发出的指令迅速做出相应的动作;最后,设备上要正确显示各项数据,保证人员操作时的控制方便。

⑤消防电源。消防电源适用于当建筑物发生火灾时,其作为疏散照明和其他重要的一级供电负荷提供集中供电,在交流市电正常时,由交流市电经过互投装置给重要负载供电,当交流市电断电后,

互投装置将立即投切至逆变器供电,供电时间由蓄电池的容量决定,当交流市电的电压恢复时应急电源将恢复为市电供电。

(2)广播及有线电视系统的选型

广播音响系统是指建筑物自成体系的独立有线广播系统,是一种宣传和通信工具。广播音响系统主要包括公共广播、客房广播、会议室音响、各种厅堂音响、家庭音响和同声翻译系统。

一般来说,广播及有线电视系统的选型应该遵循以下原则。

第一,选择噪声小、经济适用的设备。

第二,有线电视要选择信号清晰、电子辐射小的设备。

第三,会议室要避免反馈声和啸叫问题,专用会议音响装备同声翻译和电子屏蔽系统。

第四,公共场合的音响设备如公共广播、厅堂音响的抗干扰能力要强。

(3)安全防范系统的选型

绿色建筑为了满足人性化要求,必须安装建筑安全防范系统。安全防范系统是一个提供多层次、全方位、立体化、科学的安全防范和服务的系统。绿色建筑安全防范系统大致包括入侵报警子系统、电视监视子系统、出入口控制系统、巡更子系统、汽车库管理系统和其他系统。

①入侵报警子系统选型。入侵报警子系统利用传感器技术和电子信息技术探测并指示非法进入或试图非法进入设防区域(包括主观判断面临被劫持或遭抢劫或其他危急情况时,故意触发紧急报警装置)的行为、处理报警信息、发出报警信息的电子系统或网络。入侵报警系统的选型原则,首先要便于布防和撤防,因为正常工作时需要布防,下班时需要布防,这些都要求很方便地进行操作;其次要满足布防后的延时要求;最后要选择防破坏强的系统,如果遭到破坏则应有自动报警功能。

②电视监视子系统。电视监视子系统是安全防范体系中的一个重要组成部分,包括摄像、传输、控制、显示和记录系统,可以通过遥控摄像机监视场所的一切情况,可与入侵报警子系统联动

运行,从而形成强大的防范能力。

一般来说,电视监视系统的选型应该遵循以下原则。

第一,全套设备要性能优越、经济适用、防破坏性强。

第二,镜头的选择主要是依据观察的视野和亮度变化范围,同时兼顾选用 CCD 的尺寸。

第三,摄像机的选择根据实际需要分辨率和灵敏度选择黑白或彩色摄像机,黑暗地方监视要配备红外光源。

第四,传输系统根据实际情况选用电缆或无线传输。

③出入口控制系统选型。出入口控制系统也叫门禁管制系统,主要是对重要的通行口、出门口通道、电梯等进行出入监视和控制,由读卡机、电子门锁、出口按钮、报警传感器和报警喇叭等组成。系统对重要通道、要害部门的人员进出进行集中管理和控制,配合电磁门可自动控制门的开/关,并可记录、打印出入人员的身份、出入时间、状态等信息。常用的读卡机卡片有磁码卡、铁码片、感应式卡、智能卡和生物辨识系统等。选择卡片的原则应该首先满足智能化和人性化的要求,根据《绿色建筑评价标准》的不同等级要求来选择;其次卡片要方便人的使用;最后还应有美观、直观的人机界面,使工作人员便于操作。

④巡更子系统选型。巡更子系统是技术防范与人工防范的结合,布置在设防区域内的重要部位,其作用是要求保安值班人员能够按照预先随机设定的路线,顺序地对各巡更点进行巡视,同时也保护巡更人员的安全。这是在巡更的基础上添加现代智能化技术,加入巡检线路导航系统,可实现巡检地点、人员、事件等显示,便于管理者管理。它主要应用于大厦、厂区、库房和野外设备、管线等有固定巡更作业要求的行业中。它的工作目的是帮助各单位的领导或管理人员利用本系统来完成对巡更人员和巡更工作记录,进行有效的监督和管理。

巡更路线可分为在线式和离线式两类。在线式一般多与入侵报警系统共用;现在一般选用的是新型的离线式电子巡更系统,采用感应识别的巡更手持机及非接触感应器。离线方式使用灵活方便,既可进行巡更记录,也可作为巡更人员的考勤记录。

⑤停车场管理系统选型。绿色建筑停车系统是通过计算机、网络设备、车道管理设备搭建的一套对停车场车辆出入、场内车流引导、收取停车费进行管理的网络系统,是专业车场管理公司必备的工具。全自动的停车场管理系统应该包括车库入口引导控制器、入口验读控制器、车牌识别器、车库状态采集器、泊位调度控制器、车库照明控制器、出口验读控制器、出口收费控制器。停车场管理系统选择应该符合《建筑节能设计标准》。

(4)电话通信与计算机系统的选型

电话通信与计算机系统就是电话通信系统与计算机系统的总称,是建筑中重要的电子通信网络设备。

①电话通信系统。电话通信系统是两个信息终端之间进行信息交换的系统,由用户终端设备、传输系统和电话交换设备三部分组成。

一般来说,由绿色建筑的电话通信系统选择要满足下列要求。

第一,用户终端的电话机要安全舒适、无噪声、通话清晰。

第二,传输系统的选择要保证速度快、传输流畅和信息安全、不被窃取和抗干扰力强。

②计算机网路系统。计算机网络是现代通信技术与计算机技术相结合的产物。绿色建筑的计算机网络系统选择要满足下列要求。

第一,要保证使用方便,具有可视化易操作的界面。

第二,要保证网络安全可靠,有专门的计算机维护设备。

第三,防火墙要安全可靠,保证用户终端电脑使用安全。

三、暖通、空调设施设备的设计选型

近年来,随着社会经济的快速发展和城市化建设进程的不断加快,人民生活水平不断提高的同时,也对环境设备配置的健康性、舒适性提出了更高的要求,尤其是暖通、空调设施设备的设计

显得更加重要。

（一）绿色建筑供暖设施设备的设计选型

供暖设施设备是指为使人们生活或进行生产的空间保持在适宜的热状态而设置的供热设施。一套完整的供热系统包括锅炉、换热器、散热器、水泵、伸缩器、膨胀水箱、集气罐、疏水器、减压阀和安全阀等十部分设备。供暖设备是建筑三大设备之一，也是建筑的主要能源消耗设备之一。随着化石燃料（煤、石油等）资源日趋紧张，正确地选择供暖设备也对供暖节能很有意义。

1.绿色建筑供暖设施设备选型的要求

供暖设备的选型如何不仅直接关系到供暖效果，而且也关系到经济效益和管理难易，因此绿色建筑供暖设备的选择必须满足以下要求。

第一，各种建筑供热设备的选择必须遵循低能耗、高效率的原则。

第二，选用效率高的用能设备，集中采暖系统热水循环水泵的耗电输热比应符合《公共建筑节能设计标准》（GB 50189-2005）中的规定。采暖和（或）空调的能耗不应高于国家和地方建筑节能标准规定值的80%。

第三，设置集中采暖和（或）集中空调系统的住宅应采用能量回收系统（装置）。

第四，在条件允许的情况下，宜采用太阳能、地热、风能等可再生能源利用技术。

第五，建筑采暖与空调热源的选择应符合《公共建筑节能设计标准》（GB 50189-2005）中的规定。

第六，建筑所需蒸汽或生活热水应选用余热或废热利用等方式提供。

2. 绿色建筑供暖设施设备的选型

供暖设施设备的选型主要包括如下设施设备的选择。

（1）热源的选择

供暖用的热源种类很多,如锅炉、太阳能、地热和生物热等。无论使用哪一种热源,必须遵守以下要求和原则。

第一,选择低能耗、高效率的设备。

第二,要积极推广使用太阳能、生物能和地热等可再生的热源。

第三,锅炉的性能要安全可靠、设备的耐久性能好、运行污染小,运行后的排放物要符合国家标准。

第四,根据建筑的热负荷选择适合建筑需要的锅炉容量和供热量,建筑的热负荷的计算参照《民用建筑采暖通风与空气调节设计规范》(GB 50736–2012)和《采暖通风与空气调节设计规范》(GB 50019–2003)中的规定。燃煤蒸汽、热水锅炉的额定热效率应为78%;燃油、燃气蒸汽、热水锅炉的额定热效率应为89%。

第五,选用的热源设备要有二次循环系统,对废渣废气进行二次利用。

第六,锅炉房单台锅炉的容量,应确保在最大热负荷和低谷热负荷时都能高效运行;应充分利用锅炉产生的多种余热。

（2）换热器的选择

换热器是一种在不同温度的两种或两种以上流体间实现物料之间热量传递的节能设备。换热器的选择要满足以下要求。

第一,遵循循环利用的原则,要求水可以循环利用或作为其他用。

第二,要满足经济节约的要求,减少水量和投资。

第三,要满足人性化要求,可以根据需要调节室温。

（3）散热器的选择

散热器是供暖系统中的热负荷设备,负责将热媒携带的热量传递给空气,达到供暖的目的,大多数都由钢或铁铸造。根据《采暖通风与空气调节设计规范》（GB 50019-2003）中的相关规定，散热器的选择应符合下列要求。

第一，散热器的工作压力应满足系统工作压力的要求，并符合国家现行有关产品标准的规定。

第二，采用钢制散热器时，应采用闭式系统，并满足产品对水质的要求，在非采暖季节采暖系统应充水进行保养。

第三，采用铝制散热器时，应选用内防腐的铝制散热器，并满足产品对水质的要求。

第四，蒸汽采暖系统不应采用钢制柱形散热器、板形散热器和扁管散热器。

第五，民用建筑宜采用外形美观、易于清扫的散热器；放散粉尘或防尘要求较高的工业建筑，应采用易清扫的散热器。

第六，具有腐蚀性气体的工业建筑或相对湿度较大的房间，应采用耐腐蚀的散热器。

第七，安装热量表和恒温阀的热水采暖系统，不宜采用水流通道内含有粘沙的铸铁等散热器。

（4）水泵的选择

建筑供暖系统中常用的水泵是离心式水泵。水泵的选择首先必须满足公共建筑节能设计标准，要选择低能高效的设备，要求水泵漏水小。

（5）膨胀水箱的选择

膨胀水箱是容纳系统中水因受热而增加的体积，并补充系统中水的不足，排出系统中的空气的设备。它的作用是收容和补偿系统中水的胀缩量。

膨胀水箱的选择要符合下列标准和原则。

第一，从绿色建筑使用安全和节约材料方面讲，膨胀水箱质量要安全可靠、经久耐用。

第二，膨胀水箱的接管的管径应根据膨胀水箱的型号进行选择。

第三，膨胀水箱的水容积选择应根据供暖系统的温度和水容积来确定,通常情况下按照系统水容积的 0.34%—0.43% 来选择。

第四,系统中的水要循环使用,其水质应满足相关使用规定。

（6）集气罐和自动排气阀的选择

集气罐和自动排气阀设置时要放大管径,集气管接出的排气管径一般应用 DNI5mm；当集气罐安装高度不受限制时,宜选用立式；在较大的供暖系统中,为了方便管理要选择自动排气阀。

（7）补偿器的选择

补偿器习惯上由构成其工作主体的波纹管和端管、支架、法兰、导管等附件组成。在热媒通过管道时,由于温度升高会造成管道膨胀,为了减少因膨胀产生的轴向力,需要设置补偿器。

供暖系统要根据管道增长量选择合适的补偿器,增长量的计算参照相对应的技术规范；有条件时可以采用自然弯曲代替补偿器,以减少成本；地方狭小时可采用套管补偿器和波纹管补偿器,但应选择补偿能力大,又耐腐蚀的补偿器。

（8）平衡阀的选择

平衡阀能有效地保证管网内热力平衡,消除个别建筑室内温度过高或过低的弊病,可以节煤、节电 15% 以上。

平衡阀的选择首先要安全可靠、不漏水；其次,平衡阀的选择要以热力网内流量为依据,流量的计算参照相对应的技术规范；最后,平衡阀要安装在需要的位置,以避免浪费。

（9）其他部件的选择

其他部件的选择包括分水器、集水器和分气缸的选择,这些是供热系统中的重要附件,应当严格按照国家标准图选择制作,并且要保温性能良好的设备。

（二）绿色建筑通风设施设备的设计选型

通风又称换气,是改善室内空气质量的一种常用方法,包括从室内排出污染空气和向室内补充新鲜空气两个方面,称为排风和送风。建筑中完成通风工作的各项设施,统称通风设备。自然通风系统一般不需要设置设备,机械通风的主要设备有风机、风管和风道、风阀、风口和除尘设备。

　　1.绿色建筑通风设施设备选型的要求

　　通风设施设备是保证绿色建筑内部空气质量良好的重要设备,是建筑绿色化的重要评价指标,因此,在进行通风设施设备选型时应遵循下列原则和要求。

　　(1)能采用自然通风的建筑,应尽量避免采用机械通风;需要采用机械通风的建筑,装置的选择应符合相应的节能标准和技术规范。自然通风设计要遵守《采暖通风与空气调节设计规范》(GB 50019-2003)中第5.2节的规定。

　　(2)使用时间、温度、湿度等要求条件不同的空气调节区,不应划分在同一个空气调节风系统中。

　　(3)房间面积或空间较大、人员较多,或有必要集中进行温度、湿度控制的空气调节区,其空气调节风系统宜采用全空气调节系统,不宜采用风机盘管系统。

　　(4)设计全空气调节系统并当功能上无特殊要求时,应采用单风管送风方式。

　　(5)建筑物内设有集中排风系统且符合下列条件之一时,宜设置排风热回收装置:①排风热回收装置(全热和显热)的额定热回收效率不应低于60%;②送风量大于或等于3 000m³/h的直流式空气调节系统,且新风与排风的温度差大于或等于81℃;③设计新风量大于或等于4 000m³/h的直流式空气调节系统,且新风与排风的温度差大于或等于80℃;④设有独立新风和排风的系统。

　　(6)当有条件时,空气调节送风宜采用通风效率高、空气的置换通风型送风模式。

　　(7)通风设备的安装和其他配套装置的选择,应符合国家标准《公共建筑节能设计标准》(GB 50189-2005)中的相关规定。

2.绿色建筑通风设施设备的选型

通风设施设备的选型,主要包括风机、风管、风阀、风口以及净化设备的选择。

(1)风机的选择

风机是通风系统中为空气流动提供动力,以克服输送过程中阻力损失的机械设备,在建筑通风工程中通常使用离心风机和轴流风机。风机的选择应符合下列规定。

第一,风机的单位风量耗功率不应大于表4-1中的规定。

表4-1　风机的单位风量耗功率限值单位：$W/(m^3 \cdot h)$

系统类型	办公建筑		商业、旅馆建筑	
	粗效过滤	粗、中效过滤	粗效过滤	粗、中效过滤
两管制定风量系统	0.42	0.48	0.46	0.52
四管制定风量系统	0.47	0.53	0.51	0.58
两管制变风量系统	0.58	0.64	0.62	0.68
四管制变风量系统	0.63	0.69	0.67	0.74
普通机械通风系统	0.32			

注：1.普通机械通风系统中不包括厨房等需要特定过滤装置的房间的通风系统。2.严寒地区增设预热盘管时,单位风量耗功率可增加$0.035[W/(m^3/h)]$。3.当空气调节机组内采用湿膜加湿方法时,单位风量耗功率可增加$0.053[W/(m^3/h)]$。

第二,应选择噪声小的风机,避免产生噪声污染,风机要质量可靠,使用年限长久。

(2)风管的选择

绿色建筑通风管的选择必须符合下列规定。

第一,通风、空气调节系统的风管宜采用圆形或长短边之比不大于4的矩形截面,其最大长短边之比不应超过10。风管的截面尺寸,宜按国家现行标准《通风与空调工程质量验收规范》(GB 50243-2002)中的规定执行。

第二,对于排除有害气体或含有粉尘的通风系统,其风管的排风口宜采用锥形的风帽或防雨的风帽。

第三,除尘系统的风管,宜采用明设的圆形钢制风管,其接头和接缝应严密、平滑。

第四,与通风机等振动设备连接的风管,应装设挠性接头。

第五,通风设备、风管及配件等,应根据其所处的环境和输送的气体或粉尘的温度、腐蚀性等,采用防腐材料制作或采取相应的防腐措施。

第六,风管的安装和其他附属部件的要求,必须满足《民用建筑采暖通风与空气调节设计规范》(GB 50019-2011)中的规定。

(3)风阀的选择

风阀一般用在空调、通风系统管道中,用来调节支管的风量,也可用于新风与回风的混合调节。风阀选择要和风管相一致,要根据实际用途选择性能良好、质量优越的产品。

(4)风口的选择

通风系统的风口分为进气口和排气口两种。在选择风口时应注意如下事项:进气口的选择应根据风量和分风的需要来确定;同时为了保证绿色建筑的美观,风口的选择也应美观大方;风口是灰尘累积的地方,为了保证空气的质量,风口要便于清洗。

(三)绿色建筑空调设施设备的设计选型

空调系统和以上所讲的采暖通风系统一样,是绿色建筑的核心环境工程设备之一,它主要由冷热源系统、空气处理系统、能量输送分配系统和自动控制系统四个子系统组成。绿色建筑是21世纪建筑行业的发展方向,这要求空调系统尽量采用太阳能、地热、风能、生物能等自然能源驱动。在我国,这些自然能源都有充足的储量,因此绿色建筑中的空调应用技术显得非常重要。

1. 绿色建筑空调设施设备选型的要求

空气调节与采暖的冷热源,宜采用集中设置的冷(热)水机组或供热、换热设备。机组或设备的选择应满足下列要求。

第一,具有充足的天然气供应的地区宜推广应用分布式热电冷联供和燃气空气调节技术,实现电力和天然气的削峰填谷,提高能源的综合利用率。

第二,具有多种能源(如热、电、天然气等)的地区宜采用复合式能源供冷、供热技术。

第三,具有热电厂的地区宜推广利用电厂余热的供热、供冷技术。

第四,具有城市、区域供热或工厂余热时宜选其作为采暖或空调的热源。

第五,具有天然水资源或地热源可供利用时宜采用水(地)源热泵供冷、供热技术。

2.绿色建筑空调设施设备的选型

空调设施设备的选型,主要包括空调机组的选型、空气加湿和减湿设备的选型、空气净化处理设备的选型、空气输送和分配设备的选型。

(1)空调机组的选型

在空气调节系统中,空气的处理是由空气处理设备或空气调节机组来完成。空调机组按照安装方式不同,可分为卧式组合空调机组、吊装式空调机组和柜式空调机组。空调机组的选型应注意遵循以下原则。

第一,电机驱动压缩机的蒸气压缩循环冷水(热泵)机组,在额定制冷工况和规定条件下,性能系数(COP)不应低于表4-2中的规定。

表4-2 冷水(热泵)机组制冷性能系数(COP)

类型		额定制冷量(kW)	性能系数(w/w)
水冷	活塞式/涡旋式	<528	3.80
		528—1 163	4.00
		>1 163	4.20
	螺杆式	<528	4.10
		528—1 163	4.30
		>1 163	4.60

类型		额定制冷量（kW）	性能系数（w/w）
	离心式	<528 528—1 163 >1 163	4.40 4.70 5.10
风冷或蒸发冷却	活塞式／涡旋式	≤50 >50	2.40 2.60
	螺杆式	≤50 >50	2.60 2.80

第二，水冷式电动蒸气压缩循环冷水（热泵）机组的综合部分负荷性能系数应按《公共建筑节能设计标准》（GB 50189-2005）中的第 5.4.7 条计算。

第三，名义制冷大于 7 100W、采用电机驱动压缩机的单元式空气调节机、风管送风式和屋顶式空气调节机组时，在名义制冷工况和规定条件下，其能效比（EER）应符合表 4-3 的规定。

表 4-3　单元式机组能效比

机组类型		能效比
风冷式	不接风管	2.60
	接风管	2.30
水冷式	不接风管	3.00
	接风管	2.70

（2）空气加湿和减湿设备的选型

空气加湿处理设备包括蒸汽加湿设备、水蒸发加湿器和电加湿器；减湿处理设备包括冷却减湿器、固体吸湿剂和液体吸湿剂三种。空气加湿和减湿设备的选型必须遵照节能高效的原则，吸湿剂的选择要无害无毒。

（3）空气净化处理设备的选型

主要的空气净化处理设备就是空气过滤器。空气净化处理设备直接影响到空气的质量，在进行选择时必须遵循以下原则和方法。

第一,设备的选择要根据实际情况,选择最实用的除尘设备。

第二,除尘设备中的吸尘设备要便于清洗。

第三,选择可以多次重复使用的格网材料,最大限度地节约材料。

（4）空气输送和分配设备的选型

空气调节系统中的输送与分配是利用通风机、送回风管及空气分配器和空气诱导器来实现。空气输送和分配设备的选型应遵循以下原则和方法。

第一,空气调节风管绝热层的最小热阻应符合相关规定。

第二,空气分配器和空气诱导器的选择首先要美观实用,其次要便于清洗。

第三,风机的选择要根据室内送风量来选择,同时要选择节能高效的设备。

第四,能效比要符合《公共建筑节能设计标准》（GB 50189-2005）相关条文的规定。

第五,需要保冷管道的要设置绝热层、隔气层和保护层。

四、人防、消防设施设备的设计选型

人防工程是指为保障战时人员与物资掩蔽、人民防空指挥、医疗救护而单独修建的地下防护建筑,以及结合地面建筑修建的战时可用于防空的地下室。人防工程是防备敌人突然袭击,有效地掩蔽人员和物资,保存战争潜力的重要设施。消防是城市安全和防灾体系的重要组成部分,是保障城市生存和健康发展的基础设施之一。因此,自动灭火系统和消防联动系统在消防安全管理中具有十分重要的地位和作用,人们对消防系统的研究和设计越来越重视。在绿色建筑的设施设备选型中,人防、消防设施设备的设计选型也十分重要。

（一）绿色建筑人防设施设备的设计选型

1.绿色建筑人防设施设备选型的要求

人防工程和地面建筑工程不同的是，人防工程使用的时期很特殊，一般在城市发生空袭、战乱的时候使用，是一种隐蔽性的地下工程，其系统是一个非常复杂、完整的生命线系统工程，包括了地面建筑中几乎所有的设施设备。由于在绿色建筑评价标准中没有针对人防设施设备的明确要求，其设施设备的选择除按照《人民防空地下室设计规范》（GB 50038-2005）、《人民防空工程设计防火规范》（GB 50098-2009）等规范的有关规定外，其余设施设备均可以参照地面建筑设施设备的要求进行选择。具体来看人防设施设备的选型应满足以下几方面的要求。

第一，所有设施设备的选择必须满足相应的人防工程设计规范的有关规定。

第二，人防设备的使用时期比较特殊，所有的人防设备都应具有一定的防火、防潮、防冲击波的能力，通风设备的抗冲击波压力应符合表4-4的要求。

表4-4 防护通风设备抗冲击波的允许压力

设备名称	允许压力
经过加固的油网粗过滤器	0.05
密闭阀门、离心风机、YF 型自动排气阀门、柴油发电机自吸空气管	0.05
泡沫塑料过滤器	0.04
滤毒器、纸除尘器	0.03
非增压发电机排烟管	0.3
防爆超压排气活门	0.3—0.6

第三，绿色化的人防工程设施设备不但要保证使用安全，还应提高使用效率和节能，从节能角度应符合《公共建筑节能设计标准》（GB 50189-2005）中的有关规定。

第四,人防设备按要求设计备用系统,以防止突发事件的发生。所有设施设备的选择必须满足相应的人防设计规范的有关规定;绿色化的人防设施设备不但要保证使用安全,还应该提高使用效率和节能,从节能角度应该符合《公共建筑节能设计标准》。

2. 绿色建筑人防设施设备的选型

绿色建筑人防设施设备的选型,主要包括人防给排水设备的选型、人防排烟设备的选型、人防通风设备的选型、人防照明设备的选型。

（1）人防给排水设备的选型

人防给排水系统是人防工程中重要的生命线系统,人防设施的给水设备选择必须遵守以下原则:人防的给排水设施的选择首先必须满足《人民防空地下室设计规范》的相关要求;人防给排水设施的能耗设备满足相应的能耗要求;人防给排水设施要有一定的防火、防冲击波的能力。

（2）人防排烟设备的选型

根据我国现行标准中的规定,电影放映间、舞台,以及当建筑面积大于 $50m^2$,且经常有人停留或可燃物较多的房间、大厅和丙、丁类生产车间,或者当建筑有总长度大于 20m 的疏散走道,应设置排烟设备。在人防工程中,排烟设备主要包括进风管、排烟风机和排烟口。

人防工程中进风管需要有一定的抗爆波能力,为此一般均采用厚 2mm 钢板焊制而成,管道出机房时应设防火阀并与风机连锁。同时由于地下室夏季比较潮湿,其送风管道宜采用玻璃钢制品。

人防工程中的排烟风机要节能高效,满足公共建筑节能设计规范的相关要求,并与排烟口设有联动装置,当任何一个排烟口开启时,排烟风机应自动启动。同时,人防工程的排烟风机注意选用在烟气温度 280℃时能连续工作 30min 的类型,为达到这一目的一般可采用离心式风机,排烟风机的入口处应设当烟气温度超过280℃时能自动关闭的防火阀,并与排烟风机连锁。

人防工程中的排烟口应符合《人民防空工程设计防火规范》的规定,走道或房间采用自然排烟时,其排烟口总面积(当利用采光窗并排烟时为窗口排烟的有效面积)不应小于该防烟分区面积的2%,排烟口、排烟阀门、排烟管道必须采用非燃材料制成。

(3)人防通风设备的选型

人防通风设备选型的主要内容应包括:送风机、粗过滤器、过滤吸收器以及防爆波(防核爆冲击波)活门的选择,根据《人民防空工程设计防火规范》和《人民防空地下室设计规范》相关规定,人防通风设备的选择应该满足下列规定。

第一,风机:要节能高效、安全可靠,应该选用非燃性材料制作的风机,同时应满足建筑室内的新风量要求(表4-5)。

表4-5　风机的供应的新风量要求表

工程或房间类别	通风新风量（m³/h）
旅馆客房、会议室、医院病房	≥30
舞厅、文娱活动室	≥25
一般办公室、餐厅、阅览室、图书馆	≥20
影剧院、商场（店）	≥15

第二,通风管:采用非燃材料制作(但接触腐蚀性气体的风管及柔性接头可采用难燃材料制作),消声、过滤材料及胶粘剂应采用非燃材料或难燃材料,风管和设备的保温材料应采用非燃材料。

第三,防火阀:防火阀的温度熔断器与火灾探测器等联动的自动关闭装置等一经动作,在火灾时防火阀应能顺气流方向自行严密关闭。温度熔断器的作用温度宜为70℃。

第四,防爆波活门:自动排气阀门或防爆超压自动排气活门的选择计算,防爆波活门的确定同送风系统,但应注意,若平时通风与战时通风合用消波设施时,应选用门式防爆波活门。

第五,过滤吸取器:滤毒通风的新风量应满足风机的供应的新风量要求,且应满足最小防毒通道换气量要求。

（4）人防照明设备的选型

人防工程多数处于地下,室内环境与地面工程有很大不同。人防工程内潮湿场所应采用防潮型的灯具；柴油发电机的油库、蓄电池室等房间应采用密闭型的灯具。

（二）绿色建筑消防设施设备的设计选型

火在人们的生产、生活活动中是不可缺少的,人类的进步、发展离不开火。但是,火如果失去了控制,就会危害人类,造成生命和财产损失,成为火灾。有效监测建筑火灾、控制火灾、快速扑灭火灾,防止和减少火灾危害,保障国民经济建设,保障人民生命财产安全,是建筑消防设备工程的任务。而要切实有效地提高建筑的消防措施,在绿色建筑的设计阶段,就需要对建筑的消防设施设备进行科学合理的选型。

1.绿色建筑消防设施设备选型的要求

消防设施系统由火灾自动报警系统、灭火及消防联动系统组成。火灾自动报警系统主要由探测器、报警显示和火灾自动报警控制器等构成；灭火及消防联动系统主要包括灭火装置、减灭装置、避难应急装置和广播通信装置构成。灭火装置又由消火栓给水系统、自动喷水灭火系统和其他常用灭火系统构成；减灭装置主要是防火门和防火卷帘；避难系统包括切断电源装置、应急照明、应急疏散门和应急电梯；广播通信装置包括消防广播和消防专用电话。

建筑消防与消防设施设备的选择是否合理密切相关,为有效发挥建筑消防设施设备的作用,在选择消防设施设备时需要满足以下几方面的要求。

（1）绿色建筑内部所有消防设施的布置和选择必须严格遵守 GB 50016-2006《建筑设计防火规范》。

（2）灭火系统要根据建筑本身的防火要求来选择。

（3）根据建筑的防火面积选择相应消防能力的消防设备。

（4）要选择节水高效的消防设备,满足绿色建筑的节水、节材和节能要求。

（5）所选的消防设备均要满足一定的耐火性能要求。

（6）一些需要人力手动操作的消防设备,要求动作简单、操作方便。

2.绿色建筑消防设施设备的选型

消防设施是保证建筑物消防安全和人员疏散安全的重要设施,是现代建筑的重要组成部分。其对保护建筑起到了重要的作用,有效地保护了公民的生命安全和国家财产的安全。消防设施设备的选型,主要包括消防给水设备的选型、消火栓系统设备的选型、自动灭火装置的选型、减灭装置的选型、避难及广播通信装置的选型。

（1）消防给水设备的选型

消防给水的选择包括水源、水压的选择等。根据绿色建筑的节水要求,绿色建筑消防水源应该采用非传统水源;绿色建筑的消防给水量和水压应该根据建筑用途及其重要性、火灾特性和火灾危险性等综合因素确定;消防水池和水泵的选择应符合建筑消防标准和建筑节能相关标准。

（2）消火栓系统设备的选型

消火栓系统一般由水枪、水带、消火栓、消防水喉、消防水池、水箱、增压设备和水源等组成。一般来讲,当室外给水管网的水压不能满足消防需求时,应该设置水箱和水泵。绿色建筑使用的是非传统水源,必须设置水箱和水泵。

（3）自动灭火装置的选型

自动灭火装置按喷头的开闭形式分为闭式自动喷水灭火系统和开式自动喷水灭火系统。闭式自动喷水灭火系统有湿式、干式、干湿式和预作用自灭火系统;开式自动喷水灭火系统有雨淋喷水、水幕和水喷雾灭火系统之分。除此之外,还有二氧化碳灭火系统、泡沫灭火系统、干粉灭火系统和移动灭火器等多种类型，灭火系统的选择首先要根据实际需要而选择设定，各种类型自动灭火系统的适用范围如表4-6所示，选择时应遵循经济适用原则。

表4-6　各种类型自动灭火系统的适用范围

系统类型			适用范围
自动喷水灭火系统	闭式系统	湿式自动喷水灭火系统	因管网及喷头内充水，适用于环境温度4—70℃的建筑物内
		干式自动喷水灭火系统	系统报警后充水，适宜于温度低于4℃或高于70℃的建筑物内
		干湿式自动喷水灭火系统	结合干式和湿式两系统的优点，环境温度4—70℃时为湿式，温度低于4℃或高于70℃时自动转化为干式
		预作用自动喷水灭火系统	系统雨淋报警阀后，管网充低压空气和氮气。当有火情时，系统可在短时间内（3s）由干式变为湿式系统，减少误报
	开式系统	雨淋喷水灭火系统	适用于严重危险级的建筑物和构筑物内
		水幕灭火系统	可以起到冷却、阻火、防火带的作用，适用于建筑需要保护或防火隔断部位
		水喷雾灭火系统	喷雾起到冷却、窒息、冲击乳化和稀释作用，适合在飞机制造厂、电器设备厂和石油化工等场所

（4）减灭装置的选型

减灭装置的选型，主要包括排烟装置的选型、防火门和防火卷帘的选择。

排烟装置的选型应满足下列要求。

第一，排烟风机的全压力应满足排烟系统最不利环路的要求，其排烟量应当考虑10%—20%的漏风量。

第二，烟风机可采用离心风机或排烟专用的轴流风机；且机械排烟系统的排烟量应遵循《建筑设计防火规范》（GB 50016-2006）中的相关规定。

第三，排烟风机应能在280℃的环境条件下连续工作不少于30min，且在排烟风机入口处的总管上，应设置当烟气温度超过280℃时能自行关闭的排烟防火阀，该阀应与排烟风机连锁，当该阀关闭时排烟风机应能停止运转,当排烟风机及系统中设置有软接头时,该软接头应能在280℃的环境条件下连续工作不少于30min。

防火门和防火卷帘的选择应注意以下方面。

第一,防火卷帘应具有良好的防烟性能。

第二,防火卷帘的耐火极限时间不应低于3h,防火卷帘的性能应符合《门和卷帘耐火试验方法》(GB 7633-2008)中的相关规定。

(5)避难及广播通信装置的选型

避难及广播通信装置应遵循以下原则:切断电源装置、应急照明、应急疏散门和应急电梯等应急避难装置要安全可靠,保证火灾情况发生时能够安全正常地工作;消防广播和消防专用电话要保证在火灾发生时能够正常使用。现在许多建筑由于长时间不去管理,当火灾发生时这些设备就不能工作了,绿色建筑的这些应急设施要杜绝这种情况的出现。

五、燃气、电梯、通信等设施设备的设计选型

(一)绿色建筑燃气设施设备的设计选型

1. 绿色建筑燃气设施设备选型的要求

绿色建筑所讲的燃气设施设备包括供气系统、输气设备和用气设备三大部分。燃气系统是绿色建筑重要的能源系统,特别是对于民用建筑来说燃气是满足生活需求的主要能源之一,因此,燃气设施设备的选型要遵守以下原则。

(1)选择清洁高效的气源,以免造成污染和浪费。

(2)使用非传统气源,如沼气等。

(3)燃气用具要节能高效,安全可靠。

(4)运输管道、燃气表要根据用气负荷来选择,要保证使用安全、不漏气。

2. 绿色建筑燃气设施设备的选型

（1）天然气、人工煤气的管道选型

城市天然气、人工煤气管网根据输送压力不同可分为低压管网（压力 $p < 5kPa$）、中压管网（压力 $5kPa < p \leqslant 160kPa$）、次高压管网（压力 $150kPa < p \leqslant 300kPa$）和高压管网（压力 $300kPa < p \leqslant 800kPa$）。因此，选择天然气、人工煤气管道时应根据燃气的性质，考虑机械的强度、抗腐蚀、抗震及密性等各项基本要求，选择合适的管道材料。

（2）燃气管网的压力选择

燃气实现管网输配，管网的工作压力如何选择？城市电网为经济安全地供电，上游连接跨省市的 110kV，220kV 甚至于 500kV 超高压输电网，城区建设 10kV，35kV 高压电网，经区域柱上变压器、用户变电所向用户提供 220V，380V 的照明和动力电源。燃气管网压力选择也需考虑多种因素。燃气管网的压力太高，城区地下敷设输送易燃易爆的燃气管道安全性不好，压力过低，为保证流通能力，输配管道口径就要变大，材料消耗上升。而且，低压管道燃气流量的调节能力也大大降低。如表4-7所示为城市燃气管道的压力分级。

表4-7　城市燃气管道的压力分级

名称		压力（表压）MPa
高压燃气管道	A	$0.8 < p \leqslant 1.6$
	B	$0.4 < p \leqslant 0.8$
中压燃气管道	A	$0.2 < p \leqslant 0.4$
	B	$0.005 < p \leqslant 0.2$
低压燃气管道		$p \leqslant 0.005$

输管线输送来的天然气压力高，考虑到能源的充分利用，城市燃气管网可建设成高压、中压以及低压三级网络，或高中压两级管网。主干管道，敷设条件较好的建设高压管线，城区主体网络选用中压管，街坊住宅小区一般埋设低压管网。

（二）绿色建筑电梯设施设备的设计选型

1.绿色建筑电梯设施设备选型的要求

电梯是建筑内部垂直交通运输工具的总称。电梯已经作为建筑内部的一种重要的交通设施,绿色建筑在选择电梯时应满足如下要求。

（1）绿色建筑选择的电梯要高效节能,《绿色建筑评价标准》中明确了绿色建筑要求节能,要求选择效率高的用能设备。

（2）绿色建筑选用的电梯要安全舒适,有良好的照明和通风。

（3）绿色建筑内的电梯要有良好的应急系统。

2.绿色建筑电梯设施设备的选型

电梯设施设备在选型时一般可从以下几方面入手。

（1）按照建筑物的类型确定电梯的乘客人数

对不同类型的建筑物,选用不同的电梯轿厢额定乘客人数,如表4-8所示。

表4-8　电梯的额定乘客人数

建筑物类型	电梯额定载重量（kg）	轿厢额定乘客人数
中小型办公大楼	≥ 630	≥ 8
大型办公大楼	≥ 1 000	≥ 14
住宅大楼	≥ 630	≥ 8
中小型旅馆	≥ 800	≥ 10
大型旅馆	≥ 1 000	≥ 14
百货大楼	≥ 1 000	≥ 14

（2）按运输能力及平均等待时间选用电梯

表征电梯服务质量的重要因素是电梯的运输能力及乘客的平均等待时间。

电梯的运输能力,是指在客流高峰时电梯轿厢负载率为额定容量的80%,5min内电梯能够运送的乘客数占服务总人数的百

分数,又称高峰运输能力或客流集中率:

$$\triangle\% =5min\ 内电梯的运输能力 =5 \times 60NR/(T_{RT} \cdot Q)$$

式中:R——电梯轿厢的乘客人数

N——电梯台数

Q——建筑内的总人数

T_{RT}——电梯往返一周的时间(s)

显然,轿厢的载客人数愈多、电梯的台数愈多,电梯在5min内的运送能力愈高。

平均等待时间又称平均候梯时间。乘客到达的时间常与电梯到达的时间不一致,乘客从按下召唤按钮起至电梯到达所召唤的楼层的平均时间即为平均等待时间,以T_{AVW}表示:

$$T_{AVW}=85\%\ T_{RT}/N$$

式中:T_{RT}——电梯往返一周的时间(s)

N——选用电梯的台数

显然,电梯台数愈多,平均等待时间就愈短,但这个结论是与电梯的控制方式密切相关的。当 $N \geq 2$ 时,采用先进的控制方式,如集控、群控、或梯群智能电梯,可大大缩短平均等待时间;反之,即使电梯台数较多,但控制方式落后,如简单控制则仍然会有较长的候梯时间。

(三)绿色建筑通信设施设备的设计选型

1.绿色建筑通信设施设备选型的要求

通信网络系统是保证建筑物内的语音、数据、图像能够顺利传输的基础,它同时与外部通信网络如公共电话网、数据通信网、计算机网络、卫星通信网络及广播电视网相连,与世界各地互通信息,向建筑物提供各种信息的网络。其中包括程控电话系统、广播电视卫星系统、视频会议系统、卫星通信系统等。绿色建筑通信设施设备应该满足以下要求。

（1）绿色建筑内的通行设施设备必须是节能高效的。尽管在工程设施规划中把它纳入弱电系统中，首先还是必须满足节能要求。

（2）现在有很多用重金属制作的通信设备，严重危害人的健康，因此绿色建筑内的通信工具制作的材料是无害的。

（3）电子设备高度发达，人们往往"谈辐色变"，因为好多电子通信设备有很强的电磁辐射，对人的身体损伤很大，因此，绿色建筑内部的通信应该是低辐射的环保设备。

（4）保证网络安全，切实有效地防止病毒入侵和网络窃听。

（5）绿色建筑内的各种通信系统应可以实时升级，通信设备应该选择智能化的系统。

2. 绿色建筑通信设施设备的选型

绿色建筑的通信设施设备选型主要参考的是《通信设备选型手册》，根据绿色建筑的应用情况，可对不同通信设施设备予以选型，这里主要分析一下运用于电话通信交流的 ZXJ10 局用数字程控交换机的选型。

ZXJ10 局用数字程控交换机是深圳市中兴通讯股份有限公司依据中华人民共和国有关国家标准和邮电部 GF 002-9002.1《电话交换设备总技术规范书》等标准自行研制开发的大容量程控电话交换机。此系统适用于大、中、小城市及农村电话通信网以及各种专用电话网，并为今后通信发展各种新业务、新功能留有可扩充的接口。系统完全符合我国电话通信网的各种信号、信令，同时又符合国际电联的电报电话咨询委员会的有关建议，不但可以适应中国国内的电话通信网、铁网、军网或其他各种专用网的组网要求，而且可以适应国际电话通信网。

第五章 不同类型与气候区域的绿色建筑设计

　　绿色建筑重在为人类提供一个健康、舒适的居住、工作和活动空间,强调在建设和使用过程中对能源进行最高效率的利用、对环境产生最低限度的影响。在当前,各种类型、各种气候区域的建筑设计都需要坚持可持续发展的理念,大力发展绿色建筑。只有这样,才能有效贯彻执行节约资源和保护环境的国家技术经济政策,推动我国社会的可持续发展。本章就对不同类型、不同气候区域的绿色建筑设计进行分析。

第一节 不同类型的绿色建筑设计

一、绿色居住建筑的设计

　　绿色居住建筑充分利用环境自然资源,以有益于生态、健康、节能为宗旨,确保生态系统的良性循环,确保居住者的身心健康,这是绿色居住建筑设计的前提。

　　(一)绿色居住建筑的节地设计

　　1.绿色建筑节地设计的原理

　　(1)合理选择建筑的地址

　　合理的选址是决定建筑是否节地的首要条件,也是决定绿色建筑外部安全环境的重要前提。绿色建筑在选址时,首先应做到

·140·

与周边环境相适应,所选择的场地应做到不破坏当地文物、自然水系、湿地、基本农田、森林和其他保护区。

绿色建筑在建设施工的过程中,应尽量维持场地原有的地形地貌,场地建设对原有生态环境与景观的破坏也应注意避免。过多的场地平整工作将提高建设投资的成本,增加施工工程量,因此在绿色建筑的选址过程中应对场地的地形环境进行细致的筛选。建设场地内原有的很多树木、水塘、水系都具有较高的生态价值,有些甚至是传承当地历史文脉的重要载体,也是该区域重要的景观标志,因此应根据《城市绿化条例》等国家相关规定予以保护。如果绿色建筑的开发必须改造场地内的地形、地貌、水系、植被等环境状况时,在工程结束后,承建方应采取相应的措施予以恢复,减少对原有场地环境的改变,避免因土地过度开发而造成对城市整体环境的破坏。

(2)建筑规划与建设要充分考虑相关部门的规定以及建设成本

节地是评价绿色建筑技术标准的重要条件,为有效达到节地的目的,绿色建筑在规划和建设中应符合有关部门制定的相关指标,并应充分利用现有废弃场地、旧建筑和周边公共服务设施,并合理开发地下空间。

在规划建设之初,地价是影响建设成本的首要因素,如果能有效利用现有废弃场地进行改造和建设,无疑将大大降低建设成本。城市的废弃场地一般包括不可建设用地、废弃的仓库与工业厂房等,选取这些场地进行建设是绿色建筑节地的首选措施,既可以有效改善城市环境,又基本避免了拆迁与安置带来的高成本和各种社会问题,真正做到变废为利。

(3)创造尽可能舒适的建筑物理环境

绿色建筑对于建筑物理环境提出了明确的要求,包括单体建筑内部的日照、采光和通风要求,也包括建筑空间和室外环境的舒适度要求,同时考虑了建筑及城市空间的热岛效应等。

2.绿色居住建筑节地设计的内容

绿色居住建筑的节地设计应在用地规划时从以下几方面着手。

第一,要做好居住建筑的用地控制。居住建筑的选址首先考虑没有地质灾害和洪水淹没危险的安全地方,尽可能地选在废地上,减少耕地占用。周边的空气、土壤、水体等不应对人体造成危害,确保卫生安全。

第二,要做好建筑的密度控制。居住建筑用地对人口毛密度、建筑面积毛密度(容积率)、绿地率进行合理的控制,以确保达到合理的标准。

第三,要做好建筑群体的组合控制。规划与设计居住区时,要全面考虑公建与住宅布局、路网结构、绿地系统、群体组合及空间环境等的内在关系,将建筑组团作为一个独立和完善的整体对待。

第四,要做好居住建筑的朝向与日照控制。居住建筑间距要以满足日照要求为基础,综合考虑地形、采光、通风、消防、防震、管线埋设、避免视线干扰等因素。同时,在对居住建筑的日照间距进行设计时不能影响周边相邻的其他建筑的合法权益。

第五,要做好居住区的公共服务设施控制。居住区公共服务设施的配建水平,必须与居住人口规模相对应,并与住宅同步规划、同步建设、同时投入使用。社区中心宜采用综合体的形式集中布置,形成中心用地。

(二)绿色居住建筑的节能设计

1.绿色居住建筑节能设计的原理

(1)依托自然环境

节能是绿色建筑所必备的特征之一。大自然所赋予的环境条件是人类利用的一切能源产生的根本,因此,在建设过程中充分利用场地的自然条件是绿色建筑节能的起点。建筑的体形、朝向、楼间距和窗墙面积比等指标都应围绕当地的自然环境特征而制定,使绿色住宅建筑在不借助外力的情况下也能获得良好的日照、通风和采光条件,根据需要只需设置部分遮阳设施。

　　建筑的环境质量来源于内外两个方面。住宅建筑的体形、朝向、楼间距、窗墙面积比、门窗遮阳措施等条件既影响住宅的外在工程质量,又影响其通风、采光和节能等方面的内在质量。绿色住宅建筑应合理利用场地的有利自然条件,尽量避免不利因素带来的影响,做到深入浅出,精心设计。

　　(2)选用节能设备

　　在合理利用自然条件的基础上,尽可能选用节能设备也是建筑节能的重要因素,包括中央空调、集中供暖等大型能源设备。

　　(3)建设控制管理

　　住宅建筑热工设计和暖通空调设计的优劣对建筑能耗的影响很大。除了要选用节能环保的建筑设备外,建设管理也起到了重要的作用。

　　根据夏季7月份和冬季1月份的平均气温,我国分为严寒、寒冷、夏热冬冷、夏热冬暖和温和5个不同的建筑热工设计分区,除温和地区外,建设部颁布实施了分别针对各个建筑气候区居住建筑的节能设计标准。该标准所要求的节能率在50%以上,即在保持相同室内热环境条件的前提下,要求新建和改扩建的居住建筑的采暖或空调能耗降低到原有水平的一半。一些省、市根据当地建筑节能工作开展的程度和经济技术发展水平,制定了节能率高于50%的地方住宅建筑节能设计标准。

　　(4)循环利用能源

　　根据《绿色建筑评估技术细则》,采用集中采暖或集中空调系统的住宅,应设置能量回收系统,循环利用现有能源,达到资源的优化配置。

2. 绿色居住建筑节能设计的内容

（1）绿色居住建筑构造的节能系统设计

绿色居住建筑构造的节能系统设计，通常而言需要包括以下几方面的内容。

第一，墙体节能设计。墙体是住宅外围护结构的主体，是建筑室内外热交换的主要介质。建筑节能中有约 25% 是通过外墙的保温隔热性能来实现的。因此，墙体的节能设计是不容忽略的一个方面。

第二，屋面的节能设计。在建筑物受太阳辐射的各个外表面中，屋面是接受太阳辐射时间最长的部位，因此受辐射的热也是最多的，相当于东西向墙体的 2—3 倍，所以它的保温隔热也显得尤为重要。做好屋面的保温隔热设计，能够有效降低对保温以及制冷的能源消耗。

第三，门窗的节能设计。外门窗是传热的重要渠道，它既是太阳辐射的得热部件，又是主要的失热部件，传热系数约为墙体的 3—4 倍，是节能的重点部位。因此，在进行居住建设的节能设计时，门窗的节能设计是不容忽视的一项重要内容。

第四，楼地面的节能设计。住宅建筑楼地面节能设计，可根据底面不接触室外空气的层间楼板、底面接触室外空气的架空或外挑楼板以及底层地面，采用不同的节能技术。层间楼板可以采取保温层直接设置在楼板上表面或楼板底面，也可以采取铺设木龙骨或无木龙骨的实铺木地板。底面接触室外空气的架空或外挑楼板宜采用外保温系统。接触土壤的房屋地面，也应做保温层。

第五，管道的节能设计。在对建筑的各个管道进行节能设计时，需要采取有针对性的举措。比如，排水管道可敷设在架空地板内，采暖管道、给水管道、生活热水管道，可敷设在架空地板内或吊顶内，也可在局部墙内进行敷设。

（2）绿色居住建筑电气、设备的节能系统设计

电气与设备节能设计的目的是降低建筑电能消耗，以达到节

能环保的目的。建筑电气系统主要包括供配电系统、照明系统、建筑智能控制技术三个方面,因此在进行电气与设备节能设计时需要从这三个方面入手。

在设计和建设供配电系统时,通过合理选择变电所的位置、正确地确定线缆的路径、截面和敷设方法,采用集中或就地补偿的方式,提高系统的功率等,降低供电线路的电能损耗;采用低能耗材料或工艺制成的节能环保的电气设备,降低供电设备的电能损耗;对冰蓄冷等季节性负荷,采用专用变压器供电方式,以达到经济适用、高效节能的目的。

照明系统的节能设计应当在保证视觉要求和照明质量的前提下进行,可采用减少照明光能损失提高光能利用的方法,如选择高光效光源、选用高性能电气附件、选用合理照明方式、优化照明控制方式等。

智能化照明是随计算机、传感器、通信、网络与自动控制技术而发展起来的综合技术,其发展可以使照明更加省电、节能、使用更便捷,在需要的时间给需要的地方以最舒适和高效的照明,提升照明环境质量。在当前,建筑智能控制技术主要包括智能化的能源管理技术、建筑设备智能监控技术和变频控制技术。

（3）绿色居住建筑给排水的节能系统设计

能源和水资源的节省,是给排水系统的设计和运行管理中必须考虑的两大课题。因此,建筑给排水节能系统的设计,关键是如何做到节省热能和动力能。热能节省的主要控制因素有减少热水损耗量,提高加热设备的加热效率,减少热水管道长度并压缩管径,增加管道保温效率,避免管道敷设在低温环境区,太阳能利用和冷却水废热回收利用等。动力能节省的主要控制因素有高效或节约用水,叠压供水和合理竖向分区供水,减少管网的局部阻力损失,提高水泵的日常运行效率,抑制最不利点的自由水头等。

（三）绿色居住建筑的节水设计

在对绿色建筑进行衡量时，一个重要的标准是节水与水资源利用状况。建筑节水和水资源利用，需要统筹考虑各种用水用途的具体情况，合理科学地使用水资源，减少水的浪费，将使用过的废水经过再生净化得以回用，通过减少用量、梯级用水、循环用水、雨水利用等措施提高水资源的综合利用效率。

1. 绿色居住建筑节水设计的原理

（1）制订节水规划

节水措施应从规划设计入手，对于绿色住宅建筑的水系统规划，除涉及室内给排水系统外，还涉及室外雨水、污水的排放、再生水的利用以及绿化、景观用水等与城市宏观水环境直接相关的问题。进行绿色住宅建筑设计前应结合本地区域的气候、水资源、给排水工程等客观环境状况，在规划阶段制定水系统规划方案，统筹、综合利用各种水资源，增加水资源循环利用率，减少市政供水量和污水排放量。

（2）选用节水设备

作为节水设备，用水器具应优先选用原国家经济贸易委员会2001年在《当前国家鼓励发展的节水设备》（2001年第5号公告）目录中公布的设备、器材和器具。公共区域应合理选用节水水龙头、节水便器、节水淋浴装置等。对采用产业化装修的绿色住宅建筑，住宅套内也应采用节水器具。所有用水器具应满足国家《节水型生活用水器具》及《节水型产品技术条件与管理通则》的相关要求。

（3）应用节水技术

我国水资源短缺一般可分为四种形式：一是工程型缺水，从地区的总量来看水资源并不短缺，但由于工程建设没有跟上，造成供水不足；二是资源型缺水，当地水资源总量少，不能适应经济发展的需要，形成供水紧张；三是污染型缺水，水资源的污染加重了水资源短缺的矛盾;四是设施型缺水,已建水源工程由于不配套,设施功能没有充分发挥作用所造成的缺水。应用节水技术对于缺水地区而言尤为重要。

2.绿色居住建筑节水设计的内容

在进行绿色居住建筑的节水设计时,可具体从以下几方面着手。

第一,进行分质供水系统的设计。分质供水是指以自来水为原水,把自来水中生活用水和直接饮用水分开,另设管网,实现饮用水和生活用水分质、分流,满足优质优用、低质低用的要求。

第二,进行节水设备系统的设计。节水设备为符合质量、安全和环保要求,提高用水效率,减少水使用量的机械设备和储存设备的统称。节水设备系统包括变频调速技术及减压阀降压技术、建筑用节水卫生器具。

第三,进行中水回用系统设计。中水回用系统是指在建筑面积大于 20 000m² 的居住小区设置中水回用站,对收集的生活污水进行深度处理,处理后的水质达到国家现行标准《城市杂用水水质标准》(GB/T 18920-2002)的要求。中水可作为小区绿化浇灌、道路冲洗、景观水体补水的备用水源。水处理工程设计,应根据可用原水的水质、水量和中水用途,进行水量平衡和技术经济分析,合理确定中水水源、系统形式、处理工艺和工程规模。同时,中水工程的设计必须确保使用、维修安全,中水处理必须设置消毒设施,严禁中水进入生活饮用水系统。

第四,进行雨水利用系统设计。城市雨水利用系统的规划设计应注意低成本增加雨水供给;选择简单实用自动化程度高的低成本雨水处理工艺;提高雨水使用效率等。

(四)绿色居住建筑的节材设计

据工程实践证明,建筑节材与材料资源利用可通过建筑结构、建筑材料、建筑技术、建筑施工、废弃材料再生循环利用、住宅产业化六个方面来实现。因此,在进行绿色居住建筑的节材设计时,可具体从这几个方面着手。

1.绿色居住建筑节材设计的原理

(1)建筑结构及造型

建筑结构是指在建筑物或构筑物中,由建筑材料做成用来承受各种荷载或者作用,以起骨架作用的空间受力体系。从建筑施工的角度看来,材料和原料的选用是建筑节材的重要手段。研究表明,使用高性能的建筑材料是绿色建筑节材的有效措施之一,因此在绿色建筑中应普遍采用耐久性和节材效果好的建筑结构材料。如高强混凝土、高耐久性、高性能混凝土、高强度钢等结构材料,都能在保证建筑安全质量的前提下大幅提升建筑节材效果。此外,使用高强混凝土、高强度钢等结构材料,还可以解决建筑结构(尤其是高层建筑)中肥梁胖柱的问题,有效增加建筑使用面积。

(2)材料选取及应用

所用建筑材料不会对室内环境产生有害影响是绿色住宅建筑对建筑材料的基本要求。建筑材料中有害物质的含量应符合现行国家标准(和现行(2002年1月1日起施行)《建筑材料放射性核素限量》的要求。选用有害物质限量达标、环保效果好的建筑材料,可以防止由于选材不当造成的室内环境污染。

(3)材料的循环利用

绿色建筑强调材料的循环利用,应将建筑施工、旧建筑拆除和场地清理时产生的固体废弃物分类处理,并将其中可再利用材料、可再循环材料回收和再利用。在施工过程中,应最大限度地利用建设用地内拆除的或从其他渠道收集而来的旧建筑材料,以及建筑施工和场地清理时产生的废弃物等,以节约原材料、减少废弃物、降低新材料生产及运输过程中对环境的影响。

2.绿色居住建筑的节材设计的内容

（1）建筑结构系统的设计

建筑结构因所用的建筑材料不同,可分为混凝土结构、砌体结构、钢结构、轻型钢结构、木结构和组合结构等。住宅结构体系的设计必须符合地方经济发展水平和材料供应状况,选用的结构形式应有利于减轻建筑物或构筑物的自重,尽量构成较大的空间,便于进行灵活分隔布置。

（2）建筑材料系统的设计

建筑材料是各类建筑装饰工程的物质基础,在一般情况下,材料费用占工程总投资的60%左右。工程实践充分证明,建筑材料的性能、规格、品种、质量等,不仅直接影响工程的质量、装饰效果、使用功能和使用寿命,而且直接关系到工程造价、人身健康、经济效益和社会效益。因此,在进行居住建筑的材料系统设计时,关键是选择合适的材料,并对这些材料进行有效利用。

（3）建筑技术系统的设计

绿色住宅建筑的建筑技术系统,主要包括土建和装修设计一体化技术、工业化集成式装修技术。土建和装修设计一体化技术从规划设计、建筑设计、施工图设计等环节统筹考虑土建与装修的施工步骤和程序,坚持专业化设计和施工,可以避免"二次装修"不适用、不经济、不安全、不节材、不环保等弊端。工业化集成式装修技术实现了装修部品工厂批量生产、成套供应、现场组装,减少现场手工作业,达到省时、省工、省材,保证质量的目的。采用工业化集成式装修,要做到材料（地面、墙面、顶棚、管线等）的集成和部品（厨房、卫生间、隔断隔墙、木制品等）的集成。

（4）建筑施工系统的设计

建筑施工是指工程建设实施阶段的生产活动,是各类建筑物的建造过程,也可以说是把设计图纸上的各种线条,在指定的地点变成实物的过程,它包括基础工程施工、主体结构施工、屋面工程施工、装饰工程施工和辅助工程施工等。在进行居住建筑施工系统的设计时,关键是设计最佳的施工技术。就当前而言,绿色建筑住宅工程的建筑施工技术主要包括高效钢筋应用技术、无黏结预应力混凝土技术、粗直径钢筋直螺纹机械连接技术等。

（5）废弃材料再生循环利用系统的设计

在建筑住宅工程中,废弃材料占有相当大的比重。加强废弃材料的管理,实现废弃材料循环再利用的产业化,深入开发其潜在价值,是防止材料资源再流失、环境再污染的首要任务。因此,在进行居住建筑节材设计时,需要做好废弃材料再生循环利用系统的设计。在这一过程中,关键是设计合理的废弃材料再生循环利用技术,包括工业废渣利用技术、生物质新材料利用技术、一般废弃物再生利用技术、建筑废弃物再利用技术等。

（6）住宅产业化系统的设计

住宅产业化就是利用现代科学技术、先进的管理方法和工业化的生产方式去全面改造传统的住宅产业,使住宅建筑工业生产和技术符合时代的发展需求。

住宅建设产业化的核心是提高住宅建设工业化水平,满足现代住宅建设的需求。在进行住宅建设产业化系统设计时,最重要的是使设计标准化。设计标准化是指在一定时期内,采用共通性的条件,有统一的模式要求,技术上成熟,经济上合理,适用范围比较广泛的设计。它是工程建设标准化的一个重要措施,是组织现代化工程建设的重要手段。

（五）绿色居住建筑的绿化设计

按照《绿色建筑评价技术细则》的有关规定,居住区的绿地率应不低于 30%,人均公共绿地面积应不低于 $1m^2$,这是对于绿色住宅建筑的基本要求。绿地率是指居住区范围内各类绿地面积的总和占住区用地面积的比率,一般以百分比形式体现,绿地率是衡量居住区环境质量的重要标志之一。根据多年来我国住宅项目规划的实践,当绿地率为 30% 时可达到较好的空间环境效果。

在进行绿色居住建筑的绿化设计时,还需要做好环境污染防治工作。建筑所产生的污染来源主要有两个方面:一是建筑内部排放所产生的污染源;二是建设施工过程中对周边环境产生的污染,这都是住宅产生环境污染的重要来源。对于绿色住宅建筑,应针对这两个方面可能产生的环境污染进行有效的防治。

二、绿色教育和办公建筑的设计

(一)绿色教育建筑的设计

建筑本身就是对文化的一种阐释,而绿色教育建筑最能反映一个城市的文化素养、风貌和品位,也与城市文化发展的历程休戚相关。

1.绿色教育建筑总体布局的设计

绿色教育建筑的总体布局是根据设计任务书和城市规划的要求,对建筑布局、竖向、道路、绿化、管线和环境保护等进行综合考虑。在通常情况下,教育建筑的总体布局需要重点关注两个问题:一是建筑对于土地的利用效率;二是建筑形体的设计。因此,在进行绿色教育建筑总体布局的设计时,主要从这两个方面着手。

(1)进行教育建筑的场地分析

建筑场地对于拟建建筑物的影响,一方面表现为空间界面的限定,另一方面表现为物理环境的限定。这些物理环境主要包括地形、地貌、地质、气候、水文、植被、声环境、空气、电磁等环境要素。在进行教育建筑设计之初,需要对场地进行实地勘察和分析,以便初步确定适合建设拟建建筑的区域及容量分布。

在具体进行建筑场地分析时,要确定场地的合法用地范围;确认建筑物的缩进距离和已有的土地使用权;分析地形和地质条件,确定适于施工和户外活动区域的位置;标出可能不适于建设房屋的陡坡和缓坡;定出可作为排水区域的土地范围;绘制现有排水结构示意图;确定应予以保留的现存树木和自然植物的位置；绘制现有水文图；绘制气象图；确定通往公共道路和公共交通停车站的可能的路。

（2）设计建筑的形体

教育建筑体形设计的方式，关系到建筑的能耗和通风。集中式的布置方式通过减少散热面积，可降低冬季采暖的能耗，适用北方寒冷气候区域；而南方湿热气候下的建筑，则以分散式布局为宜，通过加强自然通风散热。位于夏热冬冷地区的建筑，既不宜过分分散造成冬季能耗过大，又要考虑建筑外墙有足够的可开启面积。夏季通风散热，尤其是对夏季盛行风的利用，对于低层和多层建筑而言，风压通风的效果远好于热压通风的效果，因此采用面向夏季盛行风向的板式形体的建筑自然通风效果优于采用内中庭的集中式形体。

2. 绿色教育建筑空间的设计

文化教育建筑的功能相对于居住建筑和办公建筑复杂得多，复杂的功能需要多样化的空间形态，按照绿色建筑设计的要求，组织这些空间的重要性不言而喻。因此，在进行绿色教育建筑的空间设计时，可具体从以下两方面着手。

（1）合理配置教育建筑的功能

合理配置教育建筑的功能，主要是解决功能在空间中的分布问题，从节能与生态的角度来看，不同的空间分布会产生不同的后果。功能—空间—人流量—能耗这四者之间具有正相关性，从结构的合理性角度考虑，小空间设置在建筑的下部，大空间设置在建筑上层比较好；但从节能的角度来看，大空间设置在靠近地面入口区域更合理，解决好这一矛盾是功能配置的一个重要问题。

（2）合理组织教育建筑的交通流线

建筑内的不同功能需要通过交通流线串联成一个完整系统，合理的交通流线可以提高建筑的使用效率，进而也可以减少建筑的能耗。教育建筑的交通流线组织面临两大困难：一方面从效率角度出发，交通流线应当越短越好；另一方面教育建筑的人员疏散要求很高,需要大面积的交通空间。再结合重要功能宜采用居于核心的配置策略,就产生了一种特有的交通流线组织方式,即坡道组织交通流线,这种组织方式既解决垂直交通问题,又可作为水平疏散廊道,因而在教育建筑中应用较多。

3. 绿色教育建筑材料设备的设计

建筑设计的实现需要具体的物质载体,而材料设备就是这一重要载体之一。随着现代科学技术的发展,涌现出大量的新型建筑材料和设备。对于绿色教育建筑而言,材料设备设计的选择需要切实遵循以下几个原则。

第一,尽量选择当地的建筑材料和产品。建筑材料的经济性直接影响着建筑物的造价,正确选用建筑材料,对于降低工程造价具有重要的实际意义。因此,在条件允许的情况下,尽量选择当地的建筑材料和产品,这样既可以节省运费和减少运输造成的浪费,又能更好地适应本地的气候条件,表现当地建筑文化特征,用低廉的成本实现较好的性能。

第二,尽量选择建筑全生命运行成本较低且安全可靠的材料和设备。优质材料设备虽然生产的成本和损耗高于廉价材料,但运行比较稳定,能量损耗更低,总体来说更利于节能环保。

第三,尽量选择可回收再利用的材料和设备。规模越大的建筑对材料和设备的需求量越大,而且由于这些建筑所具有的独特性,经常大量采用定制的材料和专用设备,如果这些非标准的材料设备难以在建筑拆除后重复利用将会造成巨大的浪费,并对环境造成严重的威胁。

4. 绿色教育建筑的设计手法

绿色教育建筑的设计手法归纳来说有五种,即重质墙体、覆土、天窗、天井和中庭。

(1)重质墙体

墙体是建筑物的重要组成部分,它的作用是承重、围护或分隔空间。教育建筑中的展品、图书等的储藏都需要较为严格的室内环境,采用机械通风和空调设施常常是必须的,但完全依赖机械通风和空调,不但所用能耗比较大、维护费用比较高,而且由于某种原因设备停止工作将对藏品造成较大损害。

为了减少对机械设备的依赖,提高围护结构的热惰性可以提高建筑室内的热稳定性。通常容重越大越密实的材料蓄热系数越大,如钢筋混凝土、砂浆等,而保温材料的蓄热系数比较低,因此虽然保温材料的热阻值高,但热惰性指标并不高,而重质混凝土、砖甚至夯土墙体的热惰性较高,可以提高室内空间的热稳定性,同时也可以提高建筑的隔声性能,这对于教育建筑具有重要的意义。

(2)覆土

覆土建筑由于埋藏于地下,冬暖夏凉,热舒适性好,同时地表面仍然有绿色植被覆盖,可以将建筑对环境的负面影响降到最小,同时提供大面积的室外活场所。近年来,随着环境的不断恶化,绿色建筑开始引起重视,覆土建筑在历史上就是作为一种有效的抵御恶劣气候的建筑形式,引起了建筑师的关注。覆土建筑化教育建筑中得到了发展,覆土建筑以低能耗、节约地面空间、良好的室内气候稳定性等优势,已逐渐得到人们的认可。

覆土建筑虽然在节能、节地等方面具有很大的优势,但是存在造价较高、工程复杂、施工困难等缺点,尤其是建筑的防潮、防水、采光、交通、通风等方面都比地面建筑复杂,如果这些问题解决不好不但不能发挥出覆土建筑的优势,甚至还会对建筑的使用带来更多的问题。根据国内外的设计经验,在一般情况下,相对于全地下的覆土建筑,在山坡地的半地下建筑更为常见。由于覆土建筑需要埋入潮湿的地下,因此通风问题尤为重要,与覆土建筑相配的往往会采用天窗、天井和中庭的设计手法,以解决建筑的通风问题。

(3)天窗

在教育建筑顶部设置采光天窗,可以起到改善和创造屋顶空间的作用,通过不同形式屋顶采光天窗的设置,可以解决室内空间的采光、通风的问题,以及发生火灾后起到及时排烟的作用,也为创造丰富的建筑立面造型起到较好的效果。

文化教育建筑采用天窗的成功工程实例很多。美国建筑师约瑟夫·保罗·克莱修斯设计的芝加哥当代艺术博物馆扩建工程,除了采用单元式的方形天窗,还在主展厅设计了4组人字形剖面的条形天窗,通过这4组条形天窗将光线均匀投射在展厅天棚上,形成良好的室内光环境。

虽然天窗非常适合博物馆和图书馆等建筑的采用,但同时也要注意它的局限性,如天窗只能对建筑顶层采光,不便于进行清洗,开关时很不方便,夏季热辐射较大等。解决以上问题相应的对策是将天窗设置在共享空间以扩大其采光区域;将玻璃做成带一定的倾角,以便利用雨水自然冲刷掉存留的灰尘;将天窗设计成电动式自动关闭结构;增加天窗的外遮阳设计等。

（4）天井

四面有房屋、三面有房屋另一面有围墙或两面有房屋另两面有围墙时,中间的空地,便是天井。天井能够带动空气流动形成自然通风,还可以提高建筑的自然采光效率。天井采光不同于天窗的顶面采光,天井仍然是通过侧窗采光,不仅不存在天窗设计存在的诸多难题,同时又能避免普通侧窗采光的眩光。由于天井的设置会增加建筑的体形系数,增大建筑的散热面,因此在北方寒冷地区使用较少,比较适用于南方湿热气候地区。此外,建筑中使用天井手法,需要解决好排水问题。

（5）中庭

中庭作为一种建筑设计手法,实际上就是在建筑内部增加庭院空间。建筑中庭的应用可解决地下建筑固有的一些问题,诸如不良的心理反应、外部形象与特征不明显、观景与自然光线的限制、方向感差等。

在教育建筑中,中庭的应用是比较高的,最典型的是英国建筑师迈克尔·霍普金斯设计的英国诺丁汉大学朱比利校区,他在整个建筑中大量采用了中庭的设计手法,这些中庭不仅提高了教学楼的采光效率,降低了建筑能耗,而且也为学生提供了课间活动的空间。

(二)绿色办公建筑的设计

所谓绿色办公建筑,就是在办公建筑的全生命周期内,最大限度地节约资源(节能、节地、节水、节材)、保护环境和减少污染,为办公人员提供健康、适用和高效的使用空间,与自然和谐共生的办公建筑。

1.绿色办公建筑的设计理念

现代大型办公建筑的设计,需要符合以下几个设计理念。

（1）健康舒适的环境

不论在任何时候,高质量的建筑环境的创造都始终是建筑创作的目标。因此,在进行绿色办公建筑设计时,必须保证有健康舒适的环境,即优良的空气质量,优良的温湿度环境,优良的光、视线环境,优良的声环境。应对的建筑设计方法是使用对人体健康无害的材料,减少 VOCs（挥发性有机化合物）的使用,对危害人体健康的有害辐射、电波、气体的有效抑制,充足的空调换气,对环境温湿度的自动控制,充足合理的桌面照度,防止建筑间的对视以及室内尴尬通视,建筑防噪声干扰,吸声材料的应用等。

（2）建筑自我调节设计理念

从建筑的"生命周期"来看,其从决策过程—设计过程—建造过程—使用过程—拆除过程,表现出类似生命体那样的产生、生长、成熟和衰亡的过程。同所有生命体一样,建筑应当具备自我调节和组织能力以利于自身整体功能的完善。这种自调节一方面是指建筑具有调节自身采光、通风、温度和湿度等的能力,另一方面建筑又应具有自我净化能力以尽量减少自身污染物的排放,包括污水、废气、噪声等。

（3）自然资源的运用

办公建筑设计中运用自然资源体系的目的是为了最大限度地获取和利用自然采光与通风，创造一个健康、舒适的人工环境。在现代办公建筑中，应注重自然采光和自然通风与高新技术手段的结合。自然通风可利用现代空气动力学原理，采用风压与热压及二者结合等多种途径实现；在自然采光方面，保证良好光环境的同时，为避免直射眩光和过量的辐射热，可采取多种创新方式。

2. 绿色办公建筑的设计内容

根据绿色办公建筑的设计实践，在具体设计过程中必须要包括以下几方面的内容。

（1）采光与遮阳塑造光环境

自然采光设计是绿色办公建筑设计中非常重要的组成部分，因为自然采光不仅可以提高视觉舒适度，有益于人们的身心健康和办公效率，而且还能够节约照明能耗。采光过多，特别是我国南方炎热地区的夏季，容易造成室内过热，对人们的工作都有不利的影响，同时还会增加能耗；采光过少，虽然节省能耗，但不容易达到室内照度值。因此，如何控制与防止采光不利的影响是建筑采光与遮挡设计应考虑的问题。

在设计时，应充分采用自然光线，并利用智能化的手段实现人工照明和自然采光的互动。在必须采用人工照明时，不仅应避免照度不足，也要避免过度照明带来能源浪费。为满足不同工作对于照度的要求，办公空间比较有效且节能的人工照明方式是一般照明与局部照明相结合。另外，使用高效能的灯具和节能灯，也可以大大降低办公建筑中电费的开支。

（2）被动式设计

被动式设计是指顺应自然界的阳光、风力、气温、湿度的自然原理，尽量不依赖常规能源的消耗，以规划、设计、环境配置的设计手法来改善和创造舒适的室内环境。被动式的设计定义并不完全意味着放弃主动系统，而是在迈向设计低能耗的道路上和主动系统共同结合来为低耗能、高舒适的目标服务。被动式的室内设计策略也不完全是设计单体的一些设计策略,也包括群体设计时不通过主动能源系统,就能够达到适用舒适、降低能耗、环境友好的设计策略。实践证明,被动式设计在凡是可以运用的地方就尽量采用这种设计方式。

办公建筑多是在白天使用,这为利用被动式设计创造生态绿色的办公环境提供了良好的条件,从而使室内空间可以尽量少地依赖空调系统。被动式设计由被动式太阳能设计起源,实际上我们可以利用一切可利用的自然因素,如日照、风力、温度、湿度的日变化和季节变化,使得建筑通过表皮与气候相互作用和调节。

（3）再生建筑材料利用

办公建筑以简洁为宜,尽可能使用再生建筑材料,使用的材料应经久耐用、维护成本低、减少装修,甚至管道系统、管件和电缆等均可外露,便于检修。减少装修的另一个优点是可以减少空气的污染。为了营造一个环境良好的室内空间,同时还要较好地保护室外环境,在建筑内部不要使用任何施工用溶剂型化学品及含有其他有害物质的材料或产品。为了保证室内空气环境,应对现场达标性进行监测。现场监理人员应定期对材料进行检查,收集标签和产品数据表,并安排有关人员对其进行检查。

3.绿色办公建筑的整体设计

从整体上来看,绿色办公建筑的设计需要包括三个层面。第一层面,在建筑的场址选择与规划阶段考虑节能,包括场地设计和建筑群总体布局,这一层面对于建筑节能的影响最大,它的方案决策会影响以后各个层面。第二层面,在建筑设计阶段考虑节能,包括通过单体建筑的朝向和体型选择、被动式自然资源利用等手段,减少建筑采暖、降温和采光等方面的能耗需求。这一阶段的决策失当最终会使建筑机械设备耗能成倍增加。第三层面,建筑外围护结构节能和机械设备本身节能。

三、绿色医院建筑的设计

社会的快速发展带来生态和人文环境的破坏,导致危害人类健康、引发疾病,同时促进了医院建设规模的不断扩大,绿色医院建筑正是在能源与环境危机和新医疗需求的双重作用下诞生的。绿色医院建筑是指在建筑的全生命周期内,最大限度地节约资源(节能、节地、节水、节材)、保护环境和减少污染,提供健康、适用和高效的使用空间,并与自然和谐共生的医院建筑。

(一)绿色医院建筑的设计原则

我国医院建筑绿色化正处于发展繁荣期的历史阶段,如何结合对现阶段我国医院建筑绿色化影响因素的分析,预测我国医院建筑绿色化的发展,提出我国医院建筑绿色化的设计理念和设计原则,这是绿色医院建筑设计和建造者的一项重要任务。就当前来说,在进行绿色医院建设的设计时,以下几个原则必须要予以遵循。

1. 自然原则

绿色医院建筑应当是规模合理、运作高效、可持续发展的建筑。尊重环境,关注生态,与自然协调共存是其设计的基本点。绿色医院建筑要与建筑所在地区的自然条件和生态环境相协调,抛弃传统的"人类中心论"的错误观念,将人和建筑都看成自然环境的一部分。人类对待自然环境的态度变破坏为尊重,变掠夺为珍惜,变对立为共存,只有这样才能实现绿色医院建筑的可持续发展。绿色医院建筑设计的自然原则主要体现在以下几个方面。

第一,绿色医院建筑设计要充分利用太阳能、水资源、地热能、潮汐能、风能等再生能源为建筑服务,科学地进行绿化种植及利用其他无害的自然资源。

第二,绿色医院建筑设计要注意防御自然中的不利因素,通过制定防灾规划和应急措施,达到医院建筑的安全性保证,通过做好隔热、防寒、遮蔽直射阳光等构造的设计等,满足建筑防寒、防潮、隔热、保暖等方面的要求,营造宜人的生活环境。

第三,绿色医院建筑设计要符合与自然环境共生的原则,实施建筑环保战略,使用绿色健康建筑材料,减少建筑垃圾及噪声污染,并尽可能考虑到对再生能源(太阳能、风能、地热能等)的利用。

2. 以人为本原则

在绿色医院建筑的设计和建造过程中,节能环保不能以降低生活质量、牺牲人的健康和降低舒适性为代价。尊重自然,保护环境,都应当建立在满足人类正常的物质环境需求的基础上,对人类健康、舒适的追求,必须放在与保护环境同等重要的地位。也就是说,绿色医院建筑的设计与建造必须遵循以人为本原则,实际上就是采用人性化设计。在绿色医院建筑设计中贯彻这一原则,需要特别注意以下几个方面。

第一,绿色医院建筑设计要从人体舒适度的角度出发,创造舒适的室外空间环境,营造理想的医院内部微气候环境,尽量借助阳光、自然通风等自然方式,调节建筑内部的温度、湿度和气流。

第二,绿色医院建筑设计要以行为学、心理学和社会学为出发点,考虑人们的心理健康和生理健康的需求,并创造良好的健康的环境。

第三,绿色医院建筑设计要注意提高建筑空间使用的自主性,以便满足不同使用者不断变化的使用要求。

第四,绿色医院建筑设计要充分考虑到建筑所在地的地域文化、风俗特征和生活习惯,要从使用者的角度考虑人们的需要。

3. 系统原则

绿色医院建筑设计的系统原则,实际上是指在医院的设计中要立足整体进行考虑,应当将医院建筑与周围环境看成一个整体,以系统的角度去分析、规划和具体设计,最终使医院建筑实现绿色化的目标。

从绿色医院建筑环境的角度看,任何封闭环境不可能单独达到理想的目标,必须与周围环境协同发展、互利互惠,实现优势互补,共同达到绿色节能的目标。否则,相互之间的制约将形成建筑和城市绿色化的瓶颈。因此,在绿色医院建筑设计中,必须注重对整体效益的把握。绿色医院建筑设计是面向社会、面向自然的设计,只有从大的环境整体上的实现才是真正的实现。

4. 效益原则

效益原则指的是绿色医院建筑的设计要考虑资源和能源的节约与有效利用。只有实现建筑的高效节约,才能有效减少对自然环境的影响和破坏,实现真正的绿色和可持续发展。资源和能源的节约与有效利用的设计,其具体内容和技术途径主要体现在以下几个方面。

(1)实施建筑节能策略

实施建筑节能策略包括设计节能、建造节能和使用节能三个方面。设计节能主要是指在建筑的设计过程中考虑节能,如建筑总体布局、结构选型、围护结构、材料选择等方面,考虑如何减少资源、能源的利用;建造节能主要是指在建筑建造过程中,通过合理有效的施工组织,减少材料和人力资源的浪费,以及旧建筑材料的回收利用等;使用节能主要是指在建筑使用过程中,合理管理能源的使用,减少能源的浪费,如加强自然通风、减少空调的使用等,使建筑走向生态化和智能化的道路。

(2)充分利用新能源和可再生能源,提高能源的利用率

新能源是指以新技术为基础,系统开发和利用的能源。当代新能源是指太阳能、风能、地热能、海洋能、生物质能和氢能等。充分利用新能源和可再生能源,提高能源的利用率,这是绿色建筑的重要标志之一。比如,新的城市供热系统,与城市工业、发电业等合作,不仅可以增加能源综合利用效率,而且从整体上也提高了能源利用率。

（3）密切结合当地的地域环境特征

绿色医院建筑应充分利用建筑场地周边的自然条件，尽量保留和合理利用现有适宜的地形、地貌、植被和自然水系。在建筑的选址、朝向、布局、形态、规模等方面，充分考虑当地的气候特征和生态环境。

（二）绿色医院建筑的设计层次

一个设计合理的绿色医院，可以从以下三个层次进行分析。

1. 保护医院接触人员的健康

医院的室内空气对医院的患者、医务人员、探视者和访客等都有着重要的影响。良好的医院环境可以帮助患者更快地恢复，减少住院的时间，减轻患者的负担，也可以提高医院病床的使用次数，增加医院接待能力。另外，良好的医院环境还可以提高医务人员的工作效率。

2. 保护周围社区的健康

相比普通的居住建筑，医院建筑对环境的影响更大，主要体现在医院的单位能耗水平更好。此外，在医疗过程中产生的医疗废弃物都是有毒的化学制品，这些化合物对周围社区的健康有着巨大的影响。

3. 保护全球环境和自然资源

在全球化的今天，建在上海一个弄堂里的房子所需的材料可能有来自意大利的石材，也可能有来自英国的涂料。建筑似乎也越来越全球化，失去了往日的那种地方特色和民族色彩。这对经济的全球化是一个不错的消息，意味着中国的大量廉价的材料可以走向发达国家的市场，只是中国不得不承受着环境破坏的巨大疼痛。所以，环保主义者站在全球环保事业的角度，更愿意建筑的业主就近采用合适的建材。

（三）绿色医院建筑的设计策略

现代医院建筑已不再是简单生硬的问诊、治疗空间，人们对其有着更高的要求，采用正确的绿色医院建筑的设计策略，将是绿色医院建筑一个新兴的发展方向，是未来的发展趋势。具体来说，绿色医院建筑的设计策略主要有以下几个。

1. 要进行可持续发展的总体策划

随着我国医疗体制的更新和医疗技术的不断进步，医院的功能日趋完善，医院的建设标准逐步提高，主要体现在新功能科室增多、病人对医疗条件的要求提高、新型医疗设备不断涌现、就医环境和工作环境改善等方面。绿色医院建筑的设计理念要体现在该类建筑建设的全过程，可持续发展的总体策划是贯彻设计原则和实现设计思想的关键。绿色医院建筑的可持续发展的总体策划，主要体现在规模定位与发展策划、功能布局与长期发展、节约资源与降低能耗等方面。

（1）规模定位与发展策划

进行绿色医院建筑的设计，首先要根据城市发展规划对医院进行合理的规模定位。如果规模过大，会造成医护人员、就医者较多、管理和交通等方面突显问题；如果规模过小，资源利用不充分，医疗设施很难设置齐全。随着人们对健康的重视和就医要求的提高，医院的建设逐渐从量的需求转化为质的提高。我国医院建设规模的确定，不能臆想或片面追求大规模和形式气派，需要综合考虑多方面因素，注重宏观规划与实践相结合，在综合分析的基础上做出合理的决策。

（2）功能布局与长期发展

随着医疗技术的不断进步、医疗设备的不断更新、医院功能的不断完善，医院建筑提供的不仅是满足当前单纯的疾病治疗空间和场所，而应当注意到远期的发展和变化，为功能的延续提供必要的支持和充分的预测，灵活的功能空间布局为不断变化的功能需求提供物质基础。随着医疗模式的不断变化,医院建筑的形式也发生变化,一方面是源于医疗本身的变化,另一方面医院建筑中存在着大量的不断更新的设备、装置。

医院的功能在不断地发生改变时,医院建筑也要相应地做出调整。在一定范围内,当医院的功能寿命发生改变时,建筑可以通过对内部空间调整产生应变能力,以满足医院功能的变化,保证医院建筑的灵活性和可变性,真正做到以"不变"应"万变",真正实现节约、长效型设计。

(3)节约资源与降低能耗

当前,医院的建设费用不断提高,医院的能耗也在大幅度增加,已经成为建筑能耗最大的公共建筑之一。绿色医院的建设必须考虑到建筑寿命周期的能耗,从建筑的建造开始到使用运营,都要做到尽量减少能耗。医院的能耗增加不仅使医院的日常支出增大、医疗费用提高,而且使目前卫生保健资金投入与产出之间的差距越来越大,加剧了地区供能的矛盾与医院用能的安全。建筑节能和可持续设计思想是绿色医院建筑的基础,应充分利用建筑场地周边的自然条件,尽量保留与合理利用现有适宜的地形、地貌、植被和自然水系,尽可能减少对自然环境的负面影响,减少对生态环境的破坏。

为了减少医院建筑在使用过程中的能耗,真正达到建筑与环境共生,尽量采用耐久性能及适应性强的建筑材料,从而延长建筑物的整个使用寿命,同时充分利用清洁、可再生的自然能源,如太阳能、风能、水体资源、草地绿化等,来代替以往旧的不可再生能源,提供建筑使用所需的能源,大大减轻建筑能耗对传统资源的压力,提高能源的利用效率,同时也降低环境的污染,减小建筑对有限资源的依赖,让建筑变成一个自给自足的绿色循环系统。

2.要进行科学的自然生态环境设计

绿色医院建筑自然生态环境设计的内容主要包括营造生态化绿色环境、融入自然的室内空间和构建人性化空间环境。

（1）营造生态化绿色环境

与自然和谐共存是绿色建筑的一个重要特征,拥有良好的绿色空间是绿色医院建筑必备的条件。营造自然生态的空间环境,既可以屏蔽危害、调节微气候、改善空气质量,还可以为患者提供修身养性、交往娱乐的休闲空间,有利于病人的治疗康复。注意医院绿化环境的修饰,是提高医院建筑景观环境质量的重要手段。此外,医院的周围环境是建筑实体的延伸,应当使其与主体建筑相得益彰,成为绿色医院中一道亮丽的生态与人文景观。医院建筑的环境绿化设计,应根据建筑的使用功能和形态进行合理的配置,达到视觉与使用均佳的效果。

（2）融入自然的室内空间

如何让室内设计更好地融入自然,如何使与时俱进的人工巧作与生生不息的自然生机两者达到完美的和谐统一,这是绿色医院设计人员必须引起高度重视的问题。绿色医院建筑的内部景观环境设计,一定要高度重视室内景观的自然化。人对于健康的渴望在患者身上表现得尤为强烈,室内的绿化布置、阳光的引入是医院建筑空间环境设计的重要方面。

（3）构建人性化空间环境

人性化的医院空间环境设计是基于病人对医疗环境的需求而进行的建筑处理,通过建筑的手段给医院空间环境注入一些情感的因素,从而软化高技术医疗设备及医院严肃气氛给人带来的冷漠与恐惧的心理。无论是从医院的室内环境来看,还是从室外环境的创造来看,使医院建筑趋向艺术化、庭园化,是人性化的医院空间环境的具体表现的两个方面。从人性化设计思想出发,对绿色医院的室内空间引入家居化的设计,是体现人文关怀的有效措施。

3.要做好医院的智能化设计

智能化医院功能复杂,科技含量高,其设计涉及建筑学、护理学、卫生学、生物学、工程学等很多领域,加之医学发展快,与各种现代的高新技术相互渗透和结合,都影响医院功能布局的设计。如何进行医院的智能化设计工作,已成为医疗卫生部门、建筑设计部门共同面临的急切解决的课题。智能化医院建设的目的是为了满足医疗现代化、建筑智能化、病房家庭化,其核心是建筑智能化,没有建筑智能化,就难以实现医疗现代化和病房家庭化需求。

在绿色医院建筑的智能化设计中,网络工程起着十分重要的作用。现代化的医疗手段、高科技的办公条件和便捷的网络渠道,都为医院的高效运营提供至关重要的支持。网络工程使医院各科室职能部门形成网络办公程序,利用网络的便捷性开展工作,使各项工作更加快捷和实用。网络工程在医院的门诊和体验中心已广泛应用,电子流程使患者得到安全、快捷、无误的服务,最后的诊治结果也可以通过网络来进行查询。

4. 要做好保护环境的设计

防止污染使医院正常运营,这是绿色医院设计中的一项重要内容,需要采用综合多种建筑技术加以保障。应用于污染控制的环境工程技术设计,应立足现行相关标准体系和技术设备水平,充分了解使用需求,以人为本、全面分析、积极探索,采取切实有效的技术措施,从专业方面严格控制交叉感染,严格防止污染环境,建立严格、科学的卫生安全管理体系,为医院建筑提供安全可靠的使用环境。医院在保护环境、防止污染方面可采取以下几个技术措施。

第一,医院的给水、排水各功能区域应自成体系、分路供水,特别要避开毒物污染区。

第二,医院的医疗垃圾基本没有回收再利用的价值,一般可采取就地消毒后就地焚烧的处理方法,垃圾焚烧炉为封闭式,应设在院区的下风向,在烟囱最大落地浓度范围内不应有居民区。如果医院就地焚烧会产生污染环境问题,可由特制垃圾车送往城市垃圾场的专用有害垃圾焚烧炉焚烧。为彻底堵塞病毒存活的可能,根据医院的污水特点及环保部门的有关制度与法规,在产生地进行杀菌处理,最好采用垃圾焚烧的方法。

第三,绿色医院建筑的空调系统的设计应采用生物洁净技术,为此需要选择合理的净化方式。就当前来说,常用的净化气流组织方式可分为层流洁净式、乱流洁净式和复合洁净式三大类。其中复合洁净式为将乱流洁净式及层流洁净式予以复合或并用,可提供局部超洁净之空气,在实际中采用比较少。层流洁净式要比乱流洁净式造价高,平时运行费用较大,选用时应慎重考虑。层流洁净式又可分为水平层流和垂直层流,在使用上水平层流多于垂直层流,其优点是造价较经济,并易于改建。

四、绿色酒店、商业建筑及大型公共建筑的设计

(一)绿色酒店建筑的设计

2003 年 3 月,原国家经贸委颁布了由中国饭店协会起草的我国第一个绿色饭店行业标准——《绿色饭店等级评定规定》(SB/T 10356-2002)。2007 年,在借鉴国内外相关标准,结合饭店业开展绿色行动的经验基础上,由国家商务部等联合制定了国家标准《绿色饭店》(GB/T 21084-2007),并于 2008 年 3 月 1 日开始实施。在《绿色饭店》(GB/T 21084-2007)中规定了绿色饭店相关的术语及定义、基本要求、绿色设计、安全管理、节能管理、降耗管理、环境保护、健康管理和评定原则,引导宾馆、饭店发展绿色经营方式,提供绿色服务产品,营造绿色消费环境。上述这些标准的重点在于酒店的评级和绿色经营管理,对于推动酒店业绿色环保起到了积极的作用。工程实践充分证明,进行酒店的绿色设计和改建,将会收到良好的经济效益和社会效益。

1. 酒店的可持续建筑设计

酒店建设需要较大规模投资,获得可观的经济效益是酒店建设最主要的目的之一,因而酒店建筑中绿色可持续策略与技术的

应用,必须能够帮助投资者获得理想的收益,减少日常运营维护费用,减少全生命周期成本,才能被市场所接受。对此,可从以下两个要点入手。

(1)酒店建筑总体量的控制

酒店建筑总体量的控制,是进行绿色酒店建筑设计的重要依据,不仅关系到酒店建设的投资大小,而且也关系到酒店的经济效益和投资回报。通常国际上四星级商务酒店客房面积为 32—34m²/间,相应均摊客房建筑面积为 65—80m²/间,因此,300 间客房的四星级商务酒店建筑面积在 20 000m² 左右是适宜的;五星级商务酒店客房面积为 40—45m²/间,300 间客房的四星级商务酒店建筑面积在 30 000m² 左右是适宜的。

(2)提高酒店建筑使用效率

酒店是一类典型的公共服务功能很强的建筑,客房区、公共区和后台服务区三大动线组织设计是整个建筑的关键。有些优秀建筑师早期设计建造的酒店,外观并没有什么特殊之处,但功能安排非常得当合理,深受消费者和管理者的赞誉。根据先进国家的酒店建筑设计经验,酒店设计很重要的一项指标是盈利面积与总建筑面积之比。酒店的盈利面积是指客房、餐厅、大堂吧、会议室、宴会厅、健身中心、SPA 等区域的面积。一座设计优秀的酒店的盈利面积应当在 80% 以上。进行酒店建筑设计时,必须对其功能有深入的了解。

2. 酒店建筑的节能设计

随着酒店类建筑档次不断提高,其能源的消耗量也越来越大。因此,如何进行酒店建筑的节能设计已成为一个重要现实问题。

酒店建筑由于具有面积巨大、空间复杂、设备繁多、功能多样、用时较长等显著特点,所以建筑能耗也必然很大。酒店建筑的能耗主要包括采暖能耗、空调与通风能耗、照明能耗、电梯能耗、办公设备能耗、炊事生活能耗、给排水设备能耗、娱乐健身活动能耗等。目前,国内绿色节能建筑出现的最大偏差,是不顾工程特点和实际效果盲目堆砌各种所谓的节能技术与设备,反而以较高的工程投资造成高能耗建筑和后期高昂的维护成本。建筑是否节能,绝对不是看其采用了多少节能技术与设备,唯一衡量标准是在达到设定的舒适度指标的条件下,每平方米建筑面积的能耗指标,更准确科学的定义是单位建筑面积每年一次性能源消耗指标。酒店建筑的节能设计主要包括以下三大点。

（1）酒店建筑被动式节能设计

建筑被动式节能技术是指在建筑规划设计中,通过对建筑朝向的合理布置、遮阳的设置、建筑围护结构的保温隔热技术、有利于自然通风的建筑开口设计等手段,实现对自然资源的充分利用,降低室内光、热环境对机械设备的依赖程度,来达到建筑物冬季采暖、夏季制凉的效果。当前,随着国家节能环保的号召,绿色节能环保建筑开始得到了广泛推广,“被动式节能设计”已成为绿色建筑设计的主要手段。

（2）重点空间舒适度与节能设计

酒店是最典型的服务型公共建筑,每天都要接待山南海北各地的旅客,也是体现所在地区经济、文化等水平的建筑。酒店的大堂、中庭餐饮、会议等空间,是酒店建筑最富于艺术表现力的空间,同时也是舒适度和节能设计容易出问题的区域。随着时代的演变,酒店大堂及中庭等空间更多具有客厅、休憩、等候、茶饮和私密交谈等功能,而不再是原来的简单交通功能和高大辉煌的空间。这些功能需要较高的舒适度,特别是对分层空间的温度和空气流通、空间界面温度、阳光舒适度、声响舒适度等方面要求。

以上这些空间设计,需要综合权衡建筑的艺术效果,实用功能性和舒适节能方面的要求,选择最佳的解决方案。

（3）空调系统的节能设计

酒店建筑由于具有季节性和使用间歇性的特点,因而需要空调系统具有灵活可调、反应快速的性能。影响酒店空调系统能耗的主要有采暖锅炉、制冷机水泵、新风机和控制系统。在新建酒店空调系统设计和既有酒店建筑空调系统改造方面,节能潜力最大的有以下方面。

第一,冷热源系统的优化与匹配。综合考虑可再生能源利用的实际效果和其他系统的配合,并不是盲目采用多种技术的堆砌,使系统过于复杂,整体效率降低,反而会增加能耗。

第二,根据酒店建筑运行载荷精心选择不同功率大小制冷机组搭配,使制冷机组总能在较高使用效率状态下运行。

第三,采用变频水泵。变频水泵是指对电动机进行的一个频率变换过程,通过对电动机的变频来改变电动机的转速,从而达到对水泵的流量扬程等技术参数的调整,起到控制的作用。采用变频水泵可以根据冷热负荷需要调节送水量。

第四,根据室外空气温度的情况,在过渡季节以及夏日夜间和早晨时段,尽量采用室外空气降温,以减少空调的开启时间,达到节能的目的。

第五,采用适当的传感与控制系统,要求做到房间里无人时,空调与新风系统自动降到最低要求标准,在有条件时,应当做到门窗开启时,空调或暖气系统自动关闭。

第六,保证输送管线有足够的保温隔热措施,减少冷热能量在输送过程中的损耗。

第七,定期清洗风机盘管等设备,减少能量输送过程中的阻力和压力损失。

第八,空调整体智能化控制系统,根据末端要求情况利用水资源等系数,准确控制制冷机的开启和水泵运行。在某些季节和时段只对某些区域空间(如餐厅)运行制冷,而对客房和走廊大堂等处只进行送风,这些可节省大量的能耗。

另外,酒店建筑也应加强低碳开发。酒店建筑低碳开发不仅能凸显酒店企业的社会责任,为酒店塑造良好的社会形象,更能降低酒店运营成本,大幅提升酒店企业的盈利能力。

（二）绿色商业建筑的设计

随着我国国民经济的快速发展,可持续发展战略的不断完善,我国绿色节能设计在商业建筑当中的实现与应用,对社会和环境影响的日益加深。绿色建筑技术在商业建筑中的应用,有助于设计人员灵活有效地提出优化的建筑的节地、节能、节水及节材的方案,客观全面地把握和认识建筑能耗形势及绿色建筑技术工作的开展方向,并能达到较满意的经济效益与社会效益。

1. 商业建筑的规划和环境设计

（1）商业建筑的选址与规划

商业建筑在其前期规划中,首先要进行深入细致的调查研究,寻求所在区位内缺失的商业内容作为自身产业定位的参考。在进行商业建筑地块的选择时,应当优先考虑基地的环境,物流运输的可达性,交通基础设施、市政管网、电信网络等是否齐全,减少规划初期建设成本,避免重复建设而造成浪费。

在建设场地的规划中,要根据实际合理利用地形条件,尽量不破坏原有的地形地貌,应充分利用现有的交通资源,在靠近公共交通节点的人流方向设置独立出入口,必要时可与之连接,以增加消费者接触商业建筑的机会与时间,方便消费者购物。

（2）商业建筑的环境设计

比较理想的商业建筑环境设计,不仅可以给消费者提供舒适的室外休闲环境,而且环境中的树木绿化可以起到阻风、遮阳、导风、调节温湿度等作用。在商业建筑环境设计中,绿化的选择应多采用本土植物,尽量保持原生植被。在植物的配置上应注意乔木、灌木相结合,不同的植物种类相结合,达到四季有景的绿化美化效果。良好的水生环境不仅可以吸引购物的人流,而且还可以很好地调节室内外热环境,有效地降低建筑能耗。有的商业建筑在广场上设置一些水池或喷泉,达到较好的景观效果。但这种设计形式不宜过多过大,设计时应充分考虑当地的气候和人的行为心理特征。中德合资兴建的北京燕莎购物中心、中国国际贸易中心、赛特购物中心、上海商城等均属于这类具有功能综合性特点的现代商业环境，是展示当代中国最高设计水准的商业环境。

2. 商业建筑结构设计中的绿色理念

安全、经济、适用、美观、便于施工是进行建筑结构设计的原则，一个优秀的商业建筑结构设计应该是这五个方面的最佳结合。商业结构设计一般在建筑设计之后，结构设计不能破坏建筑设计，建筑设计不能超出结构设计的能力范围，结构设计决定了建筑设计能否实现。树立绿色理念、优化结构设计、发展先进计算理论，加强计算机在结构设计中的应用，加快新型建材的研究与应用，使商业建筑结构设计符合绿色化的要求，达到更加安全、适用、经济是当务之急。

商业建筑结构设计中的绿色理念，就是商业建筑要以全生命周期的思维概念去分析考虑，合理选择商业建筑的结构形式与材料。在通常情况下，商业建筑对结构有如下要求：建筑内部空间的自由分割与组合，在满足结构受力的条件下，结构所占的面积也尽可能少，以提供更多的使用空间；较短的施工周期，有利于实现建筑的尽早利用；商业建筑还时常需要高、宽、大等特殊空间。基于以上几点要求的考虑，目前钢结构已成为商业建筑最具有优势的结构形式。钢结构与其他结构相比，在使用功能、设计、施工以及综合经济方面都具有优势。

在国外，小型商业建筑也有很多采用木结构形式的。木材在生产加工的过程中，不会产生大量污染，消耗的能量比其他材料也少。木材属于天然材料，给人的亲和力是其他建筑材料无法代替的，对室内湿度也有一定的调节能力，有益于人体的健康。木结构在废弃后，材料基本上可以完全回收。但是选用木结构时应当注意防火、防虫、防腐、耐久等问题。此外，可以将木结构与轻钢结构相结合，集中两种结构的优点，创造舒适环保的室内环境。

3.商业建筑围护结构节能设计

（1）商业建筑外墙与门窗节能设计

商业建筑是人流集中、利用率高的场所，不仅应当重视外立面的装饰效果，而且在外围护结构的设计上还应注意保温性能的要求。商业建筑的实墙面积所占比例并不多，但西、北向以及非沿街立面实墙面积比较大。目前，商业建筑一般是墙面用干挂石材内贴保温板的传统做法，也有的采用新型保温装饰板，它将保温和装饰功能合二为一，一次安装，施工简便，避免了保温材料与装饰材料不匹配而引起的节能效果不佳，减少了施工中对材料的浪费，节省了人力资源和材料成本。这些保温装饰板可以模仿各种形式的饰面效果，从而避免了对天然石材的大量开采，对保护自然环境非常有利。

由于商业建筑具有展示的要求，其立面一般比较通透、明亮，橱窗等大面积的玻璃材质较多，通透的玻璃幕墙给人以现代时尚的印象，夜晚更能使建筑内部华美的灯光效果获得充分的展现，能够吸引人们的注意。但从节能角度考虑，普通玻璃的保温隔热性能较差，大面积的玻璃幕墙将成为能量损失的通道。要想解决玻璃幕墙的绿色节能问题，首先应当选择合适的节能材料。目前，在商业建筑装饰工程中应用的节能玻璃品种越来越多，最常见的有吸热玻璃、热反射玻璃、中空玻璃、Low-E玻璃等。

（2）商业建筑屋顶保温隔热设计

在建筑物受太阳辐射的各个外表面中，屋顶受辐射是最多的。为提高屋面的保温隔热性能，屋面隔热可以选用多种保温隔热技术：保温性隔热成本较低，如聚苯板、隔热板等材料；种植屋面的隔热效果最好，成本也不高，主要能降低"城市热岛"效应，增加城市的生物多样性；改善建筑景观，提升建筑品质，提高建筑的节能效果；屋面蓄水、种植屋面、反射屋面、屋面遮阳、通风等也是不错的隔热措施。

商业建筑一般为多层建筑，占地面积比较大，这必然导致其屋顶的面积也较大。与外墙不同的是,屋顶不仅具有抵御室外恶劣气候的能力,而且还要必须做好防水,并能承受一定的荷载。屋顶与墙体的构造不同,与外界交换的热量也更多,相应的保温隔热要求也比较高。

屋顶开放空间同时具备两个景观要素,即造景和借景。发掘屋顶的景观潜力,与实用功能相结合,利用绿色节能技术,设置屋顶花园是提高商业建筑屋顶保温隔热性能的有效方法之一,并且可以提高商业建筑的休闲品位。

(3)商业建筑的遮阳设计

由于商业建筑要求具有展示商品的功能,所以其采用通透的外表面比较多,为了控制夏季较强阳光对室内的辐射,防止直射阳光造成的眩光,必须根据实际采取一定的遮阳措施。由于建筑物所处的地理环境、窗户朝向,以及建筑立面的要求不同,所采用的遮阳形式也应有所不同。在商业建筑中常用的遮阳形式主要有内遮阳和外遮阳,水平遮阳、垂直遮阳与综合性遮阳,固定遮阳和活动遮阳。

建筑遮阳形式之间存在着交叉和互补。外立面可选用根据光线和温度自动调节的外遮阳系统,然后根据门窗的不同朝向选取具体的构造形式。商业建筑中庭顶部和天窗,可选用半透光材料的内遮阳形式,这样既保证遮阳效果,又可使部分光线进入室内,满足自然采光的需求,还可以适当提高中庭顶部空气温度,加强自然通风效果。

(4)商业建筑空调通风系统节能设计

商业建筑的空调与通风系统和公共建筑有很多相似及相通之处,新风耗能占到空调总负荷的很大比例,除了提高空调的能效之外,处理好两者之间的关系,也有利于降低空调的能耗。国内许多城市的建筑实践证明,大型商业建筑是当前我国建筑节能工作的重点,空调系统的能耗高是造成大型商业能耗巨大的主要原因,自动控制是实现空调系统节能运行和工况保证的重要途径。

（5）商业建筑采光照明系统设计

商业空间的采光与照明主要起到创造气氛、加强空间感和立体感等作用。光的亮度和色彩是决定气氛的主要因素。商业空间内部的气氛也由于不同的光色而产生不同的变化。光色最基础的便是冷暖，商业空间室内环境中只用一种色调的光源可达到极为协调的效果，如同单色的渲染，但若想有多层次的变化，则可考虑冷暖光的同时使用。空间的不同效果，可以通过光的作用充分表现出来。通过利用光的作用，加强主要商品的照明，来吸引顾客的眼球，也可以用来削弱不希望被注意的次要地方，从而进一步使空间得到完善和净化。

商业建筑可选用的光源主要包括卤钨灯、荧光灯、金卤灯。经过测试比较发现，陶瓷金卤灯在显色性、光效、平均照度、平均寿命等方面都达到了较高的水平，在相同照明面积下，不仅功率密度低、用灯量较少、房间总功率小，而且在全生命周期中产生的污染物与温室气体非常少，是一种理想的环保节能灯具。发光二极管灯（LED）色彩比较丰富，色彩纯度很高，光束不含紫外线，光源不含水银，不存在热辐射，色彩明暗可调，发光方向性强，使用安全可靠，使用寿命长，节能且环保，非常适用于商业建筑。

我国是一个自然光资源充足的国家，充分利用自然光资源，降低照明的能耗，是节约建筑用能，提高建筑能源效率非常有效的途径。

（三）绿色大型公共建筑的设计

大型公共建筑一般有办公建筑、商业建筑、旅游建筑、科教文卫建筑、通信建筑以及交通运输用房。前文已经对教育和办公建筑、医院建筑、酒店和商业建筑的设计进行了阐述，这里单说体育建筑。

自改革开放以来，我国的经济和城市化高速发展，城市人口的剧增和人民生活水平不断提高，对于体育建筑的需求正在逐渐增长。1995年《中华人民共和国体育法》和《全民健身计划纲要》

的颁布实施,以及北京 29 届奥运会的成功举行,极大地促进了全国范围内体育建筑的发展。为保证体育建筑的设计质量,使之符合使用功能、安全、卫生、技术、经济及体育工艺等方面的基本要求,制定了《体育建筑设计规范》(JGJ 23-2003),为绿色体育建筑的设计提供了技术依据。

目前我国建筑的绿色设计正处在起步时期,在体育建筑规划设计阶段引入绿色理念,对于体育建筑的可持续发展具有重大意义。体育建筑的绿色设计主要包括建筑选址、场地规划设计、交通规划、绿化设计、建筑设计等方面。

1. 体育建筑的选址

由于体育建筑具有规模巨大、功能复杂、短时间内聚散人员众多等特点,所以体育建筑的选址事关重大,是体育建筑绿色设计的重要内容。在进行体育建筑选址时,既要考虑城市总体规划要求,又要兼顾其自身特点,保证选址符合城市的总体发展,满足赛事活动的顺利进行,确保体育建筑的赛后利用,实现体育建筑的可持续发展。工程实践充分证明,体育建筑的选址涉及政治、经济、文化、城市规划、工程建设等各方面因素,必须在一定的区域环境内落实,不仅要考虑城市自身的经济发展,其战略布局还与其所处的整个区域有关。

为保证体育建筑赛时、赛后的使用,节约建设投入以及日常运营费用,体育建筑用地周边应具备较好的市政和交通条件。对于大型体育中心,其建设用地宜选择在城市边缘区,临近城市主干道和城市轨道交通,该区域应具备一定的城市氛围同时又交通便利,这样一方面能够保证大型赛事活动人员的快速疏散,同时对整个城市的影响较小,另一方面又能在一定程度上为体育设施的赛后利用提供便利条件。

体育建筑选址除了要重点考虑上述的赛后利用外,还要满足国家和地方关于土地开发与规划选址相关的法律、法规、规范的要求,符合城市长期规划的要求,要综合考虑土地资源、市政交通、防灾减灾、环境污染、文物保护、节能环保、现有设施利用等多方面因素,体现可持续发展的原则,达到城市、建筑与环境有机地结合。

体育建筑应选择在具有适宜的工程地质条件和自然灾害影响小的场地上进行建设,建设用地应位于 200 年一遇洪水水位之上,或者临近可靠的防洪设施;应尽量避开地质断裂带等对建筑抗震不利以及易产生泥石流、滑坡等自然灾害的区域。

体育建筑的建设用地应远离污染区域,用地周边的大气质量、电磁辐射以及土壤中的氡浓度,均应符合国家有关规范的要求。如利用原有工业用地作为体育建筑的建设用地,还应进行土壤化学污染检测评估,并对其进行土壤改良,使其满足国家有关规范的要求。

2. 场地规划设计

体育建筑占地面积大,场地内设施比较多,各种交通流线复杂,景观环境要求较高。与其他建筑类型相比,体育建筑的场地设计有其自身特点,在体育建筑整体设计中占有相当的分量,是体育建筑设计中不容忽视的重要环节。工程实践证明,在体育建筑场地规划设计中,存在较多可进行绿色设计的内容,合理的规划不仅影响到体育建筑的外环境,而且更是建筑节能的基础。在体育建筑的规划阶段,就应当从节能角度进行考虑,合理利用风、光、水、植物等自然要素,创造有利体育建筑节能的区域小气候。

体育建筑场地规划设计中的节能技术措施很多,如结合当地的气候条件,选择最佳的建筑朝向和间距可获得更多的日照,保证冬季适量的阳光射入体育建筑室内,并避开冬季寒冷的北风;在夏季尽量减少太阳的直射,并保证具有良好的通风。可利用建筑布局和人工微地形营造、优化体育场馆周边环境质量。在环境设计中,可在建筑的上风向设置大面积水面、树林,夏季降低自然风的温度,增加空气中含氧量和负离子浓度,提高新风质量、减轻能源负荷,为自然通风的利用创造条件;冬季可降低寒风的强度,减少建筑的热损失。在不影响防洪的前提下,建筑可适当下沉,并与覆土相结合,以改善建筑保温隔热性能。运用下沉庭院、天井、内部道路等,为建筑最大限度采用自然通风和自然采光创造条件。

3. 绿化设计

体育场馆的绿化应从其绿化的作用出发,遵循绿化规划原则,使体育场馆的环境适应现代建筑,并满足体育场馆功能需求。绿化设计是绿色体育建筑设计中的重要组成部分,是体育建筑绿色化的重要标志。在进行规划建设中,要根据实际情况进行科学规划设计,尤其是对用地内原有绿地与树木应尽量保护和利用,尽量减少对场地及周边原有绿地的功能和形态的改变。对建设用地中已有的名木及成材树木,应尽量采取原地保护措施,确实无法原地保留的名木和成材树木,宜采用异地栽种的方式保护。

通过对体育建筑场地的合理规划设计,保证建设用地的绿化率达到或高于国家及地方规定的标准。体育场馆建设用地中绿地的配置与分布合理,创造舒适、健康的微气候环境。绿化植物的选择应满足地方化、多样化的原则,乔木、灌木、草坪和花卉应合理搭配,并以乔木为主。在可能的情况下,应考虑设置垂直绿化和屋顶绿化。

第二节　不同气候区域的绿色建筑设计

一、温和地区绿色建筑的设计

根据现行的《建筑气候区划标准》(GB 50178-1993)中的规定对我国 7 个主要建筑气候区划的特征描述,温和地区建筑气候的类型应属于第 V 区划,主要包括云南省的大部分地区和四川省东南部地区。本节即对这一地区的绿色建筑设计作一简单介绍。

（一）我国温和地区的气候特征

该地区立体气候特征明显，大部分地区冬温夏凉，干湿季分明；常年有雷暴、多雾，气温的年较差偏小，日较差偏大，日照较少，太阳辐射强烈，部分地区冬季气温偏低。具体来说，呈现以下特点。

（1）气候条件比较舒适，通风条件比较优越。温和地区的气温总体上讲，冬季温暖、夏季凉爽，年平均湿度不大，全年空气质量良好，但昼夜温差较大。

（2）太阳辐射资源比较丰富。温和地区太阳辐射的特点是全年总量大、夏季强、冬季足。

（二）温和地区绿色建筑的设计要点

根据冬夏两季太阳辐射的特点，温和地区夏季需要防止建筑物获得过多的太阳辐射，最直接有效的方法是设置遮阳；冬季则相反，需要为建筑物争取更多的阳光，应充分利用阳光进行自然采暖或者太阳能采暖加以辅助。基于温和地区气候舒适、太阳辐射资源丰富的条件，自然通风和阳光调节是最适合于该地区的绿色建筑设计策略，低能耗、生态性强且与太阳能结合是温和地区绿色建筑设计的最大特点。

1. 温和地区绿色建筑的阳光调节

根据温和地区的气候特征，其绿色建筑阳光调节主要是指夏季做好建筑物的阳光遮蔽，冬季尽可能争取更多的阳光。

（1）建筑布局与自然采光的协调

自然采光是建筑设计中的非常重要的组成元素，不仅会影响建筑物的内部空间品质，而且能够减少建筑物照明造成的能源损耗，节约资源，节约成本。

①建筑的最佳朝向。温和地区建筑朝向的选择应有利于自然采光，同时还要考虑到自然通风的需求，将采光朝向和通风朝

向综合一起进行考虑。我国的温和地区大部分处于低纬度高原地区,距离北回归线很近;大部分地区海拔偏高,日照时间比同纬度其他城市相对长,空气洁净度也较好。在晴天的条件下,太阳紫外线辐射很强。根据当地居住习惯和相关研究表明,在温和地区,南向的建筑能获得较好的采光和日照条件。

②建筑的最佳间距。经过实际测量可知,影响建筑物日照的最大因素是建筑的间距,因此建筑物需要获得足够阳光时,就必须与其他建筑间留有足够的距离。日照的最基本目的是满足室内卫生和采光的需要,因此有关规范提出了衡量日照效果的最低限度,即日照标准作为日照设计依据,只有满足了日照标准,才能进一步对建筑进行采光优化。这里需要指出的是,满足了日照间距并不意味着建筑就能获得良好的自然采光,一些研究在利用软件对建筑物日照进行模拟发现,当建筑平面不规则、体形复杂、条式住宅超过50m、高层点式建筑布置过密时,日照间距系数是难以作为标准的;相反,一般是要具有良好自然采光的建筑都能满足日照标准,因此在确定建筑间距时不应单纯地只满足日照间距,还应考虑到建筑是否能获得比较良好的自然采光。气候温和地区设计建筑间距时,应考虑既能让建筑获得良好的自然采光,又有利于建筑组织进行良好的自然通风。

（2）温和地区夏季的阳光调节

温和地区的夏季虽然气候不太炎热,但是由于太阳辐射很强,阳光直射下的温度比较高,且阳光中有较高的紫外线,对人体有一定的危害,因此在夏季还需要对阳光进行调节。夏季阳光调节的主要任务是避免阳光直接照射以及防止过多的阳光进入室内。避免阳光直接照射以及防止过多的阳光进入室内最直接的方法就是设置遮阳设施。在温和地区,建筑中需要设置遮阳设施的部位主要是门、窗及屋顶。

①门与窗的遮阳。在我国的温和地区,东南向、西南向的建筑物接收太阳辐射较多;而正东向的建筑物上午日照较强;朝西向的建筑物下午受到的日照比较强烈,所以建筑中位于这四个朝

向的门窗均需要设置遮阳。对于温和地区，由于全年的太阳高度角都比较大，所以建筑宜采用水平可调式遮阳或者水平遮阳结合百叶的方式。根据各地区的实际情况，合理地选择水平遮阳并确定尺寸后，夏季太阳高度角较大时，能够有效地挡住从窗口上方投射进入室内的阳光；冬季太阳高度角较小时，阳光可以直接射入室内，不会被遮阳设施遮挡；如果采用水平遮阳加隔栅的方式，不但使遮阳的阳光调节能力更强，而且有利于组织自然通风。

②屋顶的遮阳。温和地区夏季太阳辐射比较强烈，太阳高度角大，在阳光直接照射下温度很高，建筑的屋顶在阳光的直接照射下，如果不设置任何遮阳或隔热措施，位于顶层房间内的温度会非常高。因此，温和地区建筑屋顶也是需要设置遮阳的地方。

屋顶遮阳可以通过屋顶遮阳构架来实现，它可以实现通过供屋面植被生长所需的适量太阳光照的同时，遮挡住过量的太阳辐射，降低屋顶的热流强度，还可以延长雨水自然蒸发的时间，从而延长屋顶植物自然生长周期，有利于屋面植被的生长。这种方式是将绿色植物与建筑有机地结合在一起，不仅显示了建筑与自然的协调性，而且与园林城市的特点相符合，充分体现出绿色建筑的"环境友好"特性。另外，还可以在建筑的屋顶设置隔热层，然后在屋面上铺设太阳能集热板，将太阳能集热板作为一种特殊的遮阳设施，这样不仅挡住了阳光的直接照射，还充分利用了太阳能资源，也是绿色建筑"环境友好"特性的充分体现。

（3）温和地区冬季的阳光调节

温和地区冬季阳光调节的主要任务非常明确，就是让尽可能多的阳光进入室内，利用太阳辐射所带有的热量提高室内的温度，以改善室内的热环境。温和地区冬季阳光调节的主要措施有主朝向上集中开窗、对窗和门进行保温、设置附加阳光间。

①主朝向上集中开窗。在建筑选取了最佳朝向为主朝向的基础上，应在主朝向和其对朝向上集中开窗开门，使在冬季有尽可能多的阳光进入室内，从而可以提高室内的温度。

②对窗和门进行保温。测试结果表明，外窗和外门处通常都

是容易产生热桥和冷桥的地方,即热量损失最多的地方。在温和地区,冬季晴朗的白天空气比较温暖,夜间和阴雨天时气温比较低,但在冬季不管是夜晚和阴雨天,还是温暖晴朗的白天,室内的气温均高于室外的气温。因此温和地区的建筑为防止冬季在窗和门处产生热桥,造成较大的室内热量损失,就需要在窗和门处采取一定的保温和隔热措施。

③设置附加阳光间。由于温和地区冬季太阳辐射量比较充足,因此适宜冬季被动式太阳能采暖,其中附加阳光间是一种比较适合温和地区的太阳能采暖的手段。如在云南的昆明地区,住宅一般都会在向阳侧设置阳台或者安装大面积的落地窗,并加以遮阳设施进行调节。这样不仅在冬季可获得尽可能多的阳光,而且在夏季利用遮阳可防止阳光直接射入室内。其实这种做法就是利用附加阳光间在冬季能大面积采光的供暖特点,并利用设置遮阳解决了附加阳光间在夏季带入过多热量的缺点。

2. 温和地区绿色建筑自然通风设计

自然通风作为一种绿色资源,不但能够疏通空气气流、传递热量,为室内提供新鲜空气,创造舒适、健康的室内环境,而且在当今能源危机的背景下,风还能转化为其他形式的能量,为人类所利用。由此可见,在温和地区的自然通风与阳光调节一样,也是一种与该地区气候条件相适应的绿色建筑节能设计方法。

(1)建筑布局要有利于自然通风的朝向

自然通风是利用自然资源来改变室内环境状态的一种纯"天然"的建筑环境调节手段,合理的自然通风组织可有效调节建筑室内的气流效果、温度分布,对改变室内热环境的满意度可以起到明显的效果。

在温和地区选择建筑物的朝向时,应尽量为自然通风创造条件,因此应按地区的主导风向、风速等气象资料来指导建筑布局,并且还应综合考虑自然采光的需求。例如,某建筑有利通风的朝向虽然是西晒比较严重的朝向,但是在温和地区仍然可以将这个朝向作为建筑朝向。这是因为虽然夏季此朝向的太阳辐射比较强烈,但室外空气的温度并不太高,在二者的共同作用下,致使室外综合温度并不高,这就意味着决定外围护结构传热温差小,所以通过围护结果传入室内的热量并不多。这也可解释为什么温和地区虽然室外艳阳高照,太阳辐射十分强烈,但是室内却比较凉爽。如果在此朝向上采取遮阳措施,就可以改善西晒的问题。由于有良好的通风可以进一步带走传入室内的热量,这样非但不会因为西晒而造成过多的热量进入室内,而且还可以创造良好的通风条件。

（2）有利于居住建筑自然通风的建筑间距

由于建筑间距对于建筑群的自然通风有很大的影响,因此要根据风向投射角对室内风环境的影响来选择合理的建筑间距。在温和地区,应结合地区的日照间距和主导风向资料确定合理的建筑间距,具体做法是首先满足日照间距,然后再满足通风间距。当通风间距小于日照间距时,应按照日照间距来确定建筑间距;当通风间距大于日照间距时,可按照通风间距来确定建筑间距。

除了通风和日照的影响因素外,节约用地也是绿色建筑确定建筑间距时必须遵守的原则。如云南的昆明地区,为满足"冬至"最少能获得 1h 的日照要求,采用了日照间距系数为 0.9—1.0 的标准,即日照间距为 0.9—1.0 倍的建筑计算高度,考虑到为获得良好的室内通风条件,选择风的投射角在 45° 左右较为适合,据此,建筑通风间距以（1.3—1.5）H 为宜。

（3）采用有利于自然通风的建筑空间布局

温和地区的建筑在空间布置上,也要注意为自然通风创造条件,合理地利用建筑地形,做到"前低后高"和有规律的"高低错落"的处理方式。

（4）采用有利于自然通风的建筑平面布局

绿色建筑的规划设计证明,建筑的布局方式不仅会影响建筑通风的效果,而且关系到土地是否节约的问题。有时候通风间距比较大,按其确定的建筑间距必然偏大,这就势必造成土地占用量过多与节约用地原则相矛盾。如果能利用建筑平面布局,就可以在一定程度上解决这一矛盾。例如,采用错列式的平面布局,相当于加大了前后建筑之间的距离。因此,当建筑采用错列式布局时,可以适当缩小前后建筑之间的距离,这样既保证了建筑通风的要求,又节约了建设用地。常见建筑的平面布局有并列式和错列式两种,在温和地区,从自然通风的角度来看,建筑物的平面布局以错列式为宜。

3. 温和地区太阳能与建筑一体化设计

能源问题已经成为制约世界经济快速增长的一个主要问题,不可再生能源的日益枯竭,将会导致世界性能源危机。作为能源消耗的大户,建筑领域的能源改革就显得更加重要。国外建筑界在太阳能一体化设计方面已经走在了前面,随着西方先进科学技术和文化的传入,加上国内外人员的交流和项目的合作等,都会对我国在太阳能建筑一体化设计方面产生影响和良好的示范作用,使我国的太阳能建筑一体化设计创造新的途径。

(1)太阳能通风技术与建筑的结合

实际工程检测证明,温和地区全年室外空气状态参数比较理想,太阳辐射强度比较大,为实现太阳能通风提供了良好的基础。在夏季,通过太阳能通风将室外凉爽的空气引入室内,可以使室内空气降温和除湿;在冬季,中午和下午室外温度较高时,利用太阳能通风将室外温暖的空气引入室内,可以起到供暖节能的作用,同时由于空气的流动从而也改善了室内的空气质量。

在温和地区,建筑设计师应能够利用建筑的各种形式和构件作为太阳能集热构件,吸收太阳辐射的热量,使室内空气在高度方向上产生不均匀的温度场造成热压,从而形成自然通风。这种利用太阳辐射热形成的自然通风就是太阳能热压通风。

在一般情况下,如果建筑物属于高大空间且竖直方向有直接与屋顶相通的结构,是很容易实现太阳能通风的,如建筑的中庭和飞机场候机厅。如果在屋顶铺设有一定吸热特性的遮阳设施,那么遮阳设施吸热后将热量传给屋顶,使建筑上部的空气受热上升,此时在屋顶处开口则受热的空气将从孔口处排走;同时在建筑的底部井口,将会有室外空气不断进入补充被排走的室内空气,从而形成自然通风。如果将特殊的遮阳设施设置为太阳能集热板则可以进一步利用太阳能,作为太阳能热水系统或者太阳能光伏发电系统的集热设备。

（2）太阳能热水系统与建筑的结合

我国太阳能与建筑一体化最普遍的形式,是太阳能热水系统与建筑的集成。太阳能热水系统是利用太阳能集热器,收集太阳辐射能把水加热的一种装置。目前,太阳能热水系统是国家大力推广的可再生能源技术,在我国已经涌现出很多关于太阳能热水系统方面的研究理论和成果,并且很多技术已经比较成熟,这些理论和技术为在有条件的地区普及太阳能热水系统奠定了良好的基础。气候温和地区作为一个拥有丰富太阳能资源的地区,一直都在大力发展太阳能热水系统,并取得了一定的成果。例如,在云南省太阳能热水器得到大范围的推广应用,当地政府明确规定:新建建筑项目中,11层以下的居住建筑和24m以下设置热水系统的公共建筑,必须配置太阳能热水系统。由此可见,将太阳能热水系统技术集成于建筑之中,已经成为该地区建筑设计中的重要组成部分。太阳能热水系统与建筑结合,主要包括以下方面。

第一,外观上的协调。在外观上实现太阳能热水系统与建筑的完美结合、合理布置太阳能集热器。无论在屋面、阳台或在墙面上,都要使太阳能集热器成为建筑的一部分,实现两者的协调和统一。

第二,管线的布置。合理布置太阳能循环管路以及冷热水供应管路,尽量减少热水管路的长度,并在建筑上事先预留出所有管路的接口和通道。

第三,结构上的集成。在结构上要妥善解决太阳能热水系统的安装问题,确保建筑物的承重、防水等功能不能受到不良影响,使太阳能集热器具有抵御强风、暴雪、冰雹、雷电等的能力。

第四,系统运行。在系统运行方面,要求系统可靠、稳定、安全、易于安装、检修和维护,合理解决太阳能与辅助能源加热设备的匹配,尽可能实现系统的智能化和自动控制。

二、严寒和寒冷地区绿色建筑的设计

(一)严寒地区绿色建筑的设计

1.我国严寒地区的气候特征

我国严寒地区地处长城以北、新疆北部、青藏高原北部,包括我国建筑气候区划的Ⅰ区全部、Ⅵ区中的ⅥA、ⅥB和Ⅶ区中的ⅦA、ⅦB、ⅦC。具体地讲,我国的严寒地区包括黑龙江、吉林全境,辽宁大部,内蒙古中部、西部和北部,陕西、山西、河北、北京北部的部分地区,青海大部,西藏大部,甘肃大部,新疆南部部分地区。我国严寒地区主要具有如下气候特点。

(1)冬季漫长严寒

年日平均气温低于或等于5℃的日数为144—294d,1月份的平均气温为–3l—10℃。

(2)夏季区内各地气候有所不同

Ⅰ区夏季短促凉爽,7月平均气温低于25℃;ⅥA、ⅥB区凉爽无夏,7月平均气温低于18℃;ⅦA区夏季干热,为北疆炎热中心,日平均气温高于或等于25℃的日数可达72d;ⅦB区夏季凉爽,较为湿润;ⅦC区夏季较热;ⅥA、ⅦB、ⅦC区的平均气温为18—28℃,山地偏低,盆地偏高。

(3)气温年较差大

Ⅰ区为30—50℃;ⅥA、ⅥB区为16—30℃;ⅦA、ⅦB、ⅦC为18—28℃。

（4）气温日较差大

年平均气温日较差为 10—18℃。其中Ⅰ区 3—5 月平均气温日较差最大，可达 25—30℃。

（5）极端最高气温区内各地差异很大

Ⅰ区为 19—43℃；ⅥA、ⅥB 区为 22—35℃；ⅦA、ⅦB、ⅦC 为 37—44℃。山地明显偏低，盆地非常高。

（6）年平均相对湿度为 30%—70%，区内各地差异很大

西部偏干燥，东部偏湿润。最冷月平均相对湿度：Ⅰ区为 40%—80%；ⅥA、ⅥB 区为 20%—60%；ⅦA、ⅦB、ⅦC 区为 50%—80%。最热月平均相对湿度：Ⅰ区为 50%—90%；ⅥA、ⅥB 区为 30%—80%；ⅦA、ⅦB、ⅦC 区为 30%—60%。

（7）年降水量较少，多在 500mm 以下，区内各地差异很大

Ⅰ区为 200—800mm，雨量多集中在 6—8 月；ⅥA、ⅥB 区为 20—900mm，该区干湿季分明，全年降水多集中在 5—9 月或 4—10 月，约占全年降水总量的 80%—90%，降水强度很小，极少有暴雨出现；ⅦA、ⅦB、ⅦC 为 10—600mm，是我国降水最少的地区，降水量主要集中在 6—8 月，约占全年降水总量的 60%—70%，山地降水量年际变化小，盆地变化大。

（8）太阳辐射量大，日照非常丰富

Ⅰ区年太阳总辐射照度为 140—200W/m²，年日照时数为 2 100—3 100h，年日照百分率为 50%—70%，12 月至翌年 2 月偏高，可达 60%—70%；ⅥA、ⅥB 区年太阳总辐射照度为 180—260W/m²，年日照时数为 1 600—3 600h，年日照百分率为 40%—80%，柴达木盆地为全国最高，可超过 80%；ⅦA、ⅦB、ⅦC 区年太阳总辐射照度为 170—230W/m²，年日照时数为 2 600—3 400h，年日照百分率为 60%—70%。

2. 严寒地区绿色建筑设计要点

严寒地区绿色建筑的设计，除应满足传统建筑的一般要求，以及《绿色建筑技术导则》和《绿色建筑评价标准》的要求外，还

应注意结合严寒地区的气候特点、自然资源条件进行设计。在其具体设计中,应根据气候条件合理布置建筑、控制体型参数、平面布局宜紧凑、平面形状宜规整、功能分区兼顾环境分区、合理设计入口、围护结构注意保温节能设计。

(1)充分利用天然的太阳能

在严寒地区的冬季,太阳辐射是天然、环保、廉价的热源,因此建筑基地应选在能够充分吸收阳光的地方,争取扩大室内日照的时间和日照的面积,尽可能多地利用太阳能。在利用太阳能时要考虑以下几个方面的问题。

(2)注重不同季节防风和通风

住区的风环境是住区物理环境的重要组成部分,设计者对此应当引起足够的关注,在住区设计时要对风环境进行认真调查和分析,充分考虑建筑物可能会造成的风环境问题,并采取有效措施加以解决,这样将有助于创造良好的户外活动空间,节省建筑能耗,获得舒适、生态、健康的居住小区。

(二)寒冷地区绿色建筑的设计

1. 我国寒冷地区的气候特征

寒冷地区地处我国长城以南,秦岭、淮河以北,新疆南部,青藏高原南部。寒冷地区主要包括天津、山东、宁夏全境,北京、河北、山西、陕西大部,辽宁南部,甘肃中东部,河南、江苏、安徽北部,以及新疆南部、青藏高原南部、西藏东南部、青海南部、四川西部的部分地区。

寒冷地区气候的主要特征是:冬季漫长而寒冷,经常出现寒冷天气,特别是近些年倒春寒现象比较严重;夏季短暂而温暖,气温年较差特别大;降水主要以夏季为主,因蒸发微弱,相对湿度比较高。

2. 寒冷地区绿色建筑设计要点

寒冷地区绿色建筑除应满足传统建筑的一般要求以及《绿色建筑技术导则》(建科〔2005〕199 号)和《绿色建筑评价标准》(GB/T 50378-2014)中的要求外,还应注意结合寒冷地区的气候特点、自然资源条件进行设计,一般情况下寒冷地区可以直接套用严寒地区的绿色建筑标准,在此不再赘述。寒冷地区绿色建筑在建筑节能设计方面有一些问题需要注意,如表 5-1 所示。

表 5-1　寒冷地区绿色建筑在建筑节能设计方面考虑的问题

项目	Ⅱ区	ⅥC区	ⅦD区
规划设计及平面布局	总体规划、单体设计应满足冬季日照并防御寒风的要求，主要房间宜避免西晒	总体规划、单体设计应注意防寒风与风沙	总体规划、单体设计应注意防寒风与风沙，争取冬季日照为主
体形系数要求	应减小体形系数	应减小体形系数	应减小体形系数
建筑物冬季保温要求	应满足防寒、保温、防冻等要求	应充分满足防寒、保温、防冻等要求	应充分满足防寒、保温、防冻等要求
建筑物夏季防热要求	部分地区应兼顾防热，ⅡA区应考虑夏季防热，ⅡB区可不考虑	无	应兼顾夏季防热，特别是吐鲁番盆地，应注意隔热、降温，外围护结构宜厚重
构造设计的热桥影响	应考虑	应考虑	应考虑
构造设计的防潮、防雨要求	注意防潮、防暴雨，沿海地带还应注意防盐雾侵蚀	无	无
建筑的气密性要求	加强冬季密闭性，且兼顾夏季通风	加强冬季密闭性	加强冬季密闭性
太阳能利用	应考虑	应考虑	应考虑
气候因素对结构设计的影响	结构上应考虑气温年较差大、大风的不利影响	结构上应注意大风的不利作用	结构上应考虑气温年较差和日较差均大以及大风等不利影响

续表

项目	Ⅱ区	ⅥC区	ⅦD区
冻土影响	无	地基及地下管道应考虑冻土的影响	无
建筑物防雷措施	宜有防冰雹和防雷措施	无	无
施工时注意事项	应考虑冬季寒冷期较长和夏季多暴雨的特点	应注意冬季严寒的特点	应注意冬季低温、干燥多风沙以及温差大的特点

三、夏热冬冷地区绿色建筑的设计

很多专家指出：夏热冬冷区域是经济比较发达的地区，也是我国整个建筑行业非常关注的地区，如何在这一地区同时解决好居住舒适与科技节能两大问题，对建筑设计、技术以及技术系统而言是一个艰巨的挑战。

（一）我国夏热冬冷地区的气候特征

按照建筑气候分区来划分，夏热冬冷地区包括上海、浙江、江苏、安徽、江西、湖北、湖南、重庆、四川、贵州省市的大部分，以及河南、陕西、甘肃南部，福建、广东、广西北部，共涉及 16 个省、市、自治区，该地区面积约 180 万平方公里，约有 4 亿人口，是中国人口最密集、经济发展速度较快的地区。

（二）夏热冬冷地区绿色建筑的设计要点

夏热冬冷地区绿色建筑规划设计的内容很多，其设计的要点主要体现在以下方面。

1. 绿化环境的设计

绿化是绿色建筑的重要组成内容，对建筑环境与微气候条件起着十分重要的作用，它能调节气温、调节碳氧平衡、减弱城市温室和热岛效应、减轻大气污染、降低噪声、净化空气和水质、遮阳隔热,是改善区域气候、改善室内热环境、降低建筑能耗的有效措施。建筑环境绿化具有良好的调节气温和增加空气湿度的效应,这主要是因为植物具有遮阳、减低风速和蒸腾的作用。树林的树叶面积大约是树林种植面积的75倍;草地上草叶面积大约是草地面积的25—35倍。这些比绿化面积大几十倍的叶面面积,都是起蒸腾作用和光合作用的。所以,就起到了吸收太阳辐射热、降低空气温度的作用。

建筑环境绿化必须考虑植物物种的多样性,植物配置必须从空间上建立复层分布,形成乔、灌、花、草、藤合理立体绿化的空间层次,将有利于提高植物群落的光合作用能力和生态效益。植被绿化的物种多样性有利于充分利用阳光、水分、土壤和肥力,形成一个和谐、有序、稳定、优美、长期共存的复层、混交的植物群落。这种有空间层次、厚度的植物群落所形成的丰富色彩,自然能引来各种鸟类、昆虫及其他动物形成新的食物链,成为生态系统中能量转化和物质循环的生物链,从而产生最大的生态效益,真正达到生态系统的平衡和生物资源的多样性。

夏热冬冷地区生态绿化及小区景观环境,应从建筑的周边整体环境考虑,并反映出小区所处的城市人文自然景观、地形地貌、水体状况、植被种类、建筑形式及社区功能等特色,使生态小区景观绿化体现出自然环境与人文环境的融合。

夏热冬冷地区的植被种类丰富多样。植被在夏季能够直接反射太阳辐射,并通过光合作用大量吸收辐射热,蒸腾作用也能吸收掉一部分热量。此外,合适的绿化植物可以提高遮阳效果,降低微环境的温度;冬季阳光又会透过稀疏的枝条射入室内。墙壁的垂直绿化和屋顶绿化,可以有效地阻隔室外的辐射热;合适的树木高度和排列组合,可以疏导地面通风气流。总之,建筑区域内的合理绿化可以降低气温、调节空气的湿度、疏导通风气流,从而可有效地调节微气候环境,改善室内外的空气舒适度。夏热冬冷地区传统民居中就常常种植高大落叶藤蔓植物,调节庭院微气候,夏季引导通风,为建筑提供遮阳。

2. 水环境的设计

水环境的生态系统影响着城市的各个方面,它不仅为城市提供了水源,而且为城市水安全提供了基础,水生物种的多样性为城市发展提供了丰富的资源,自然水系的优美环境为居民提供了休憩的场所,为了维持水环境与城市间的良性关系,城市水环境就有了实践的意义。

夏热冬冷地区建筑的水环境设计,主要包括给排水、景观用水、其他用水和节约用水4个部分,提高建筑水环境的质量,是有效利用水资源的技术保证。强调绿色建筑生态小区水环境的安全、卫生、有效供水,污水处理与回收利用,已成为开发新水源的重要途径之一,这是绿色建筑的重要组成内容,其目的是节约用水和提高水循环利用率。

在炎热的夏季水体的蒸发会吸收部分热量,水体也具有一定的热稳定性,会造成昼夜水体和周边区域空气温差的波动,从而导致两者之间产生热风压,形成空气的流动,这样可以缓解热岛效应。

夏热冬冷地区降雨充沛的区域,在进行区域水环境景观规划时,可以结合绿地设计和雨水回收利用设计,设置适当的喷泉、水池、水面和露天游泳池,利于在夏季降低室外环境温度,调节空气湿度,形成良好的局部小气候环境。

四、夏热冬暖地区绿色建筑的设计

夏热冬暖地区是《民用建筑热工设计规范》(GB 50176-1993)规定的热工设计分区之一,属于我国《建筑气候区划标准》(GB 50178-1993)规定的第Ⅳ建筑气候区。

（一）我国夏热冬暖地区的气候特征

夏热冬暖地区气候特点是冬季暖和，夏季漫长，海洋暖湿气流使得空气湿度大，太阳辐射强烈，平均气温高。其具体的气候特征如下。

（1）夏热冬暖地区大多数是热带和亚热带季风海洋性气候，最明显的气候特征是长夏无冬、温高湿重。气温年较差和日较差均比较小；雨量丰沛，多热带风暴和台风袭击，易有大风暴雨天气；太阳高度角大，日照较少，太阳辐射强烈。

（2）在夏热冬暖地区，夏季太阳高度角大，日照时间长，但是年太阳总辐射照度仅为 130—170W/m²。在我国属于较少的地区之一，年日照时数大多在 1 500—2 600h，年日照百分率为 35%—50%，一般 12 月至翌年 5 月偏低。

（3）夏热冬暖地区 10 月至翌年 3 月普遍盛行东北风和东风，4—9 月大多盛行东南风和西南风，年平均风速为 1—4m/s，沿海岛屿的风速显著偏大，台湾海峡平均风速在全国最大，可达 7m/s以上。受海洋的影响较大，临海地区尤其如此。白天的风速较大，由海洋吹向陆地；夜间的风速略小，从陆地吹向海洋。

（4）夏热冬暖地区年大风的日数各地相差悬殊，内陆大部分地区全年不足 5d，沿海为 10—25d，岛屿可达 75—100d，个别可超过 150d；年雷暴日数为 20—120d，西部偏多，东部偏少。

（二）夏热冬暖地区绿色建筑的背景

1. 夏热冬暖地区传统建筑的特征

夏热冬暖地区的传统建筑建造时，没有现代空调制冷技术可用，完全依靠被动式的建筑设计手段，充分利用当地自然环境资源与气候资源来保证室内的热舒适。为适应当地高温高湿的气候，形成了独具特色的地方建筑风格与技术体系。在建筑选址、规划、单体设计和围护结构构造做法等方面，具有丰富的气候适应性经验和技术。如比较重视通风遮阳,室内层高比较高,建筑屋顶和外墙采用的重质材料居多,外墙采用 240mm 厚的黏土实心砖墙和黏土空心砖墙,屋面采用一定形式的隔热,如大阶砖通风屋面等,可起到良好的隔热效果。

传统建筑在选址和布局的过程中,应充分考虑复杂的地形、可利用的季风、水路风和山谷风等,在实现良好景观的同时,也利用周围水体及绿化进行降温。前高后低的围合,不仅有利于夏季通风,而且可阻挡冬季寒风。夏热冬暖地区的传统建筑非常重视自然通风,借此形成各种独特的建筑语言和空间组合方式,廊道、天井、冷巷、中庭、镂空墙、通风窗和隔栅等被有效合理运用,可以达到良好的通风效果。另外,室内层高较高也是该地区传统建筑的显著特点;大小适宜的窗户,大量的各种遮阳设施,使建筑的光影变化形成强烈的韵律感,创造出特有的建筑美学效果。

2. 夏热冬暖地区绿色建筑发展的难点

近年来,这个地区大多数建筑的女儿墙增高,通风屋面起不到通风隔热的作用,片面强调容积率,提高建筑密度自然通风难以实现;外窗很少考虑遮阳,甚至推崇飘窗台。结果导致室内热环境较差。一般而言,这一地区的建筑的热工性能普遍较差,在冬季没有良好的保温性能和气密性,这一地区冬季的室内热舒适度不佳。

从总体上来说,我国的夏热冬暖地区既有建筑多数是传统建筑,这些既有建筑的热工性能普遍较差,在冬季没有良好的保温,夏季没有足够的通风隔热,室内的热舒适改善完全依靠风扇、空调等设备进行调控。在我国由于历史和自然条件的原因,夏热冬暖地区的既有建筑改造设计还没有引起充分的重视,很多地区对这项工作还未全面展开。

(三)夏热冬暖地区绿色建筑的设计策略

根据上述夏热冬暖地区的气候特征和背景,其绿色建筑基本要求应符合下列规定:第一,建筑物必须充分满足夏季防热、通风、防雨要求,冬季可以不考虑防寒和保温。第二,总体规划、单体设计和构造处理宜开敞通透,充分利用自然通风;建筑物应避免西晒,宜设置遮阳设施;应注意防暴雨、防洪、防潮、防雷击;夏季施工应有防高温和防暴雨措施。IVA区建筑物还应注意防热带风暴和台风、暴雨袭击及盐雾侵蚀。这就给夏热冬暖地区的设计者提出了一个难题,那就是如何在满足高标准的同时,制定出与自然和谐相处的绿色建筑设计策略。

一般来说夏热冬暖地区绿色建筑设计所选择的技术策略,不仅应具有适应性和整体性,且具有极强的可操作性。既能学习、借鉴和提升传统建筑中有价值的绿色技术,又能利用当代发展的绿色建筑模拟工具,有针对性地选择先进设备。夏热冬暖地区绿色建筑设计技术策略见表5-2。

表5-2 夏热冬暖地区绿色建筑设计技术策略

项目	推荐采用	应采用,应慎重审核	不推荐采用
被动技术	利用建筑布局加热自然通风和自然采光,避免太阳的直接照射	—	—
	利用建筑形体形成自遮阳体系,充分利用建筑相互关系和建筑自身构件来产生阴影,减少屋顶和墙面得热,可将主要的采光窗设置于阴影之中形成自遮阳洞口		
	建筑表皮采用综合的遮阳技术,根据建筑的朝向来合理设计		
	在建筑群体、建筑单体及构件里形成有效、合理的自然通风		
	在建筑单与周边环境里引入绿色植物		
主动技术	合理的空调优化技术:应根据建筑类型考虑空调使用的必要性与合理性,并理性选择空调的类型	可再生能源使用(如太阳能、地热能技术)	双层玻璃幕墙技术
	雨水、中水等综合水系统管理		
	设置能源审计监测设备		

表中主动技术策略依赖于设备技术,设备的制造技术不断进步,不断更新轮替;而被动技术策略依赖于建筑本体的设计手法,伴随着建筑全生命周期。二者各有侧重。

1. 绿色建筑设计的被动技术策略

(1)绿色建筑的总体布局

绿色建筑设计的被动技术首先应关注的是建筑选址及空间布局。在建筑规划设计中应特别注意太阳辐射问题,在夏季及过渡季节要充分有效利用自然通风,并且还要适当考虑冬季防止冷风渗透,以保证室内的热环境舒适度。

建筑应选择避风基址进行建造,同时顺应夏季的主导风向以尽可能获取自然通风。由于冬夏两季主导风向不同,建筑群体的选址和规划布局则需要协调,在防风和通风之间要取得平衡。不同地区的建筑最佳朝向不完全一致,应根据当地气候条件等的实际情况进行确定,如广州市的建筑最佳朝向是东南向。

建筑规划的总体布局还需要营造良好的室外热环境。借助于相应的模拟软件,可以在建筑规划阶段实时有效地指导设计。在传统的建筑规划设计中,外部环境设计主要是从规划的硬性指标要求、建筑的功能空间需求及景观绿化的布置等方面加以考虑,因此很难保证获得良好的室外热环境。随着计算机技术的进步,利用计算机辅助过程控制的绿色建筑设计有效地解决了这个问题,使外部热环境达到比较理想的要求。

(2)建筑外围护结构的优化

在夏热冬暖地区的湿热气候条件下,建筑的外围护结构显然有别于温带气候的"密闭表皮"的设计方法,建筑立面通过设置适当的开口获取自然通风,并结合合理的遮阳设计躲避强烈的日照,同时还能有效地防止雨水进入室内。这种建筑的外围护结构更像是一层可以呼吸、自我调节的生物表皮。

应当引起注意的是,夏热冬暖地区的建筑窗墙面积比也需要进行控制,大面积的开窗会使得更多的太阳辐射进入室内,造成室内热环境不舒适。马来西亚著名生态建筑设计师杨经文根据自己的研究成果提出建议：夏热冬暖地区绿色建筑的开窗面积不宜超过50%。

（3）不同朝向及部位遮阳措施

在夏热冬暖地区，墙面、窗户与屋顶都是建筑物吸收热量的关键部位。由于全年降雨量大、降雨持续时间长、雨量非常充沛，因此在屋顶采用绿化植被遮阳措施具备良好的天然条件。通过屋面进行遮阳处理，不仅可以减少太阳的辐射热量，而且还可以减小因屋面温度过高而造成对室内热环境的不利影响。目前采用的种植屋面措施，既能够遮阳隔热，还可以通过光合作用消耗或转化部分能量。

和其他地区一样，夏热冬暖地区建筑的各个朝向的遮阳方式有所不同。南面窗采取遮阳措施是非常必要的，不同纬度地区的太阳高度角不同，南向遮阳可以采用水平式或综合式，遮阳板的尺寸要根据建筑所处的地理经纬度、遮阳时的太阳高度角、方位角等因素确定水平遮阳的尺寸。夏热冬暖地区东西向窗的遮阳，当太阳高度角降低，水平遮阳对阳光的遮挡难以发挥作用时，可以采用垂直方式遮阳。由于夏热冬暖地区夏季主导风为东南风，所以采用垂直遮阳能有效地引导东南风进入室内。此外，对于东西立面可采用可调节遮阳，选择和调整太阳光的强弱和视野，使用更为灵活。

2.绿色建筑设计的主动技术策略

主动式技术策略是主动利用能源并进行能量转化的设计方法，如电能转换为热能、太阳能转换为电能等。通过主动的方式来改善室内舒适度，并满足建筑的正常运营。绿色建筑设计的主动技术策略主要包括有效降低空调的能耗、充分应用可再生能源、综合进行水系统管理。

（1）有效降低空调的能耗

为了创造舒适的室内空调环境，必须消耗大量的能源。暖通空调能耗是建筑能耗中的大户。建筑节能工作的重点应该是暖通空调的节能。首先通过合理的节能建筑设计,增加建筑围护结构的保温隔热性能,提高空调、采暖设备能效比的节能措施,建立建筑节能设计标准体系,初步形成相应的法规体系和建筑节能的技术支撑体系。而工程实践充分证明,改善建筑围护结构,如外墙、屋顶和门窗的保温隔热性能,可以直接有效地减少建筑物的冷热负荷,是建筑设计上的重要节能措施。在经济性和可行性允许的前提下,可以采用新型墙体材料。由于不同季节对外窗性能要求不一样,因此门窗的节能设计更加显得十分重要,一般可以主要从减少渗透量、降低传热量和减少太阳辐射3个方面进行。

（2）综合进行水系统管理

夏热冬暖地区雨量非常充沛、易形成洪涝灾害和产生热岛效应,如何通过多种生态手段规划雨水管理,改善闷热潮湿的环境,减轻暴雨对市政排水管网的压力,这是给绿色建筑的设计和建造者提出的一个新问题。雨水利用是一种综合考虑雨水径流污染控制、城市防洪以及生态环境的改善等要求,建立包括屋面雨水集蓄系统、雨水截污与渗透系统、生态小区雨水利用系统等。经过近些年的实践,我国在雨水利用方面总结了一些成功的做法:如结合景观湖进行雨水收集,所收集雨水作为人工湖蒸发补充用水;道路、停车场等采用植草砖形成可渗透地面,将雨水渗入土壤补充地下水;步行道和单行道采用透水材料铺设;针对不同性质的区域采取不同的雨水收集方式。

（3）充分应用可再生能源

目前,太阳能、地热能和风能都开始应用于建筑之中,并出现了一些操作性较强的技术。但是,在我国的夏热冬暖地区,其太阳能辐射资源并非充沛,而且阳光照射的时间也不稳定,加上可再生能源发电储能设备以及并网政策尚不完备,如何在建筑中充分利用可再生资源,如采用太阳能光伏发电系统、探索太阳能一体建筑,还需要进一步试验和研究;对于地热能与风能在建筑中的应用,也需要做到因地制宜,不可强求千篇一律。

第六章　绿色建筑改革与既有建筑改造

　　绿色建筑是以可持续发展为原则,充分利用大自然提供的天然材料,最大限度地降低建筑对环境的污染,为人们提供健康、适用和高效的使用空间,与自然和谐共生的建筑。绿色建筑理念在20世纪60年代提出以来,太阳能、地热、风能等各种节能技术相继出现,节能建筑开始引领建筑的发展。随着全球气候的不断变暖,大家逐渐意识到建筑在建造与使用过程中所产生的二氧化碳是气候变暖的重要因素,人们对节能建筑的关注度越来越高。而绿色建筑就是根据地理环境,利用大自然提供的天然可再生能源设置太阳能供暖、地热、风力发电等装置,充分节约能源、减少环境污染并适合就地开发利用的建筑。因此,绿色建筑是建筑发展的方向与目标。当然,其在既有建筑的改造中也适用。本章就对绿色建筑改革与既有建筑改造的关系与应用展开分析。

第一节　既有建筑改造与绿色建筑的关系研究

一、基于可持续理论的既有建筑改造与绿色建筑改革

（一）可持续理论

　　在全球环境急剧恶化的情况下,联合国召开了发展与环境会议,这次会议主要是围绕环境与经济发展的问题展开讨论,并且发表了会议宣言《里约环境与发展宣言》,宣言中明确指出:"和

平、发展和保护环境是互相依存、不可分割的,世界各国应在环境与发展领域加强国际合作,为建立一种新的、公平的全球伙伴关系而努力。"可持续发展不但能够改善人民生活质量、增加资源利用率,还可以有效地保护公民健康的生活环境。

可持续发展建设在各国相继开展起来,主要包括以下三个领域:自然环境和资源的保护、经济发展和社会公平发展。

(二)可持续发展对既有建筑改造的影响

在建筑领域中,可持续发展得到高度认可,我国建筑行业专家及科研工作者在建筑实践中不断对可持续理论进行研究和创新,从绿色建筑观到现在的生态建筑观,可持续建筑观在国际建筑领域倍受推崇。

专家学者认为,不同地区的自然资源应该相互依赖,形成自我维持生命支撑系统,所以我国绿色建筑的设计原则主要有以下几个方面:尊重生态系统和文化脉络;建立正确的环境保护意识;增强对生态环境的理解,制定相关的建筑行为准则;结合建筑功能需要,采用先进的科学建筑技术,同时针对地区环境和气候的特性采用有效的能源策略;使用再利用、可更新的建筑工程材料;尽量避免使用高能量、容易破坏生态资源环境、产生工程废料和放射性的建筑材料;完善建筑的空间使用灵活性,减少建筑建设空间,将建设以及运行所需要的成本资源降到最低;减少建筑工程对环境资源的损害,避免工程建设对环境的破坏以及浪费资源、浪费建材现象的发生,尽可能使用节能建筑材料。

二、既有建筑改造与绿色建筑相结合

当前社会我国既有建筑改造越来越科学,对于绿色、低碳、环保等研究正趋于完善,我国开始引进绿色建筑的先进技术与理念,并且技术与理念已经得到了全面的推广。绿色建筑模式初期:积极应对环境气候变化;绿色建筑模式中期:建设绿色路线,对环境污染的环保,减少建材能耗;绿色建筑模式终期:运用先进科学技术,推广可持续建设运用理念,使绿色建筑建设过程中突出节省能源消耗,从而达到节能式环保。

第二节　我国既有建筑的基本情况分析

一、我国既有建筑的数量

改革开放 40 多年来,我国开展了大规模的工程建设,建筑行业和房地产成为国民经济的重要支柱产业,国家统计局对 1985—2015 年我国房屋施工和竣工面积数量进行统计,2009—2015 年我国建筑业房屋竣工的建筑面积为 244.34 亿㎡,据 2009 年国家统计局的统计结果,当年我国既有建筑面积达到 480 多亿㎡,按此推算,至 2015 年底全国房屋建筑面积已达到 724.08 亿㎡,由于新建的同时,拆除了一些老建筑,数据中未计入 2009 年以后拆除的建筑面积。

我国工程建设从 20 世纪 90 年代中期开始快速发展,2000 年以后迅猛发展。2000—2015 年 16 年间竣工的房屋面积为 376.85 亿㎡,即我国现有建筑中约 52% 是 2000 年以后竣工的。1985 年以前的房屋建筑面积为 295.8 亿㎡,即使用年限超过 31 年的房屋建筑面积约 295.8 亿㎡,占总数的 41%。

这里所谓的房屋建筑物是指城乡地上和地下的民用与工业建筑及其附属设施,民用建筑包括住宅建筑、公共建筑,其中住宅建筑包括普通住宅、公寓、别墅等;公共建筑包括办公楼、图书馆、学校、医院、剧院、商场、旅馆、车站、航站楼、体育馆、展览馆等;工业建筑包括各行各业的为工业生产的建筑物和构筑物等。

二、住宅的产权和结构形式

根据住房和城乡建设部有关房屋权属的相关规定,我国房屋建筑权属划分可分为八类:国有房产、集体所有房产、私有房产、联营企业房产、股份制企业房产、港澳台投资房产、涉外房产、其他房产。

住宅产权分类:商品房、直管公房、公租房、廉租房、自管房、房改房、小产权房、空置房等。

土地性质分类:国有土地、集体土地、农村宅基地。

管理方式:房屋管理局、物业服务公司、企业自管、房主自管等。

《民用建筑设计通则》GB 50352-2005 将住宅建筑依层数划分为:一层至三层为低层住宅,四层至六层为多层住宅,七层至九层为中高层住宅,十层及十层以上为高层住宅,建筑高度大于100m 的民用建筑为超高层建筑。

民用建筑中住宅的结构形式分为:砖混结构、混凝土结构、钢结构、砖木结构、砖石结构、土坯房、石板结构等。

住宅的结构形式和数量大体分布如下。

(1)砖混结构住宅量大面广,大部分为多层结构,最高为 9 层。

(2)混凝土框架和框架剪力墙结构,从 20 世纪 80 年代中期开始建设,框架以多层居多,少量高层,框架剪力墙结构住宅以高层居多。

(3)2001 年后在国家政策引导下,钢结构住宅得到快速发展,北京、天津、南京、上海、莱芜、唐山、马鞍山、广州、深圳等地建设了一大批高层或多层钢结构住宅。

(4)砖木结构、砖石结构住宅多为 20 世纪五六十年代以前的建筑,使用历史悠久,多数已超过 50 年。

(5)土坯房以农村老房为主,单层结构。

(6)石板结构住宅主要分布在福建等产石材省。

三、既有建筑安全质量问题分析

房屋产生问题的原因多种多样,但总体而言,往往离不开房屋自身质量、房屋使用方面的问题和外荷载作用或外界环境条件改变这三方面的因素。

(一)建设阶段质量问题

房屋自身的原因包括工程勘察失误、设计考虑不周、施工质量较差和早期设计标准低,造成房屋结构安全先天不足。

1. 工程勘察失误

工程勘察失误的主要表现如下。

(1)对工程地质、水文地质情况和地基情况了解不全,地基承载力估计过高;不认真进行地勘,随意确定地基承载力。

(2)盲目套用邻近场地的勘察资料,而实际场地与邻近场地地质状况存在较大差异。

(3)勘测钻孔间距过大,深度不足,未能查清软弱层、地下空洞、古河道等隐患;未进行原状取土和取样试验不规范,房屋建成后,高压缩性的软土层或湿陷性黄土产生较大压缩变形,致使建筑物产生过大沉降和沉降差。

2. 设计失误

从 20 世纪 80 年代末开始,结构设计从地基基础到上部结构都已有成熟的计算机设计软件,只要正确使用设计规范和计算机软件,加上专业设计人员的知识和经验,建筑物设计都能保证结构安全,因为结构构件按承载力极限状态设计,当延性破坏时,结构构件可靠性指标 β 为 2.7、3.2、3.7 三个值,相应的结构失效概率为 3.5×10^{-3} — 1.1×10^{-4};当脆性破坏时,结构构件可靠性指标 β 为 3.2、3.7、4.2 三个值,相应的结构失效概率为

6.9×10^{-4}—1.3×10^{-5},设计保证了安全度。另外,选取设计荷载时,按荷载规范都是较大的值,使用期间的荷载出现极限值的情况也较少,因此在正常的设计中如果不是出现大的失误,一般是不会在施工及使用阶段出现质量事故的。

设计失误常见的情况有如下几种。

(1)时间紧、任务急,"边勘察、边设计、边施工",结构仅作估算即出图,套用已有图纸而又未结合具体情况。

(2)设计人员受力分析概念不清,结构内力计算错误,结构计算模型与实际受力情况不符。

(3)盲目相信电算,电算错了也出图,不懂制表原理,套用不适用的图表,造成计算错误。

(4)设计计算时,荷载漏项,引起构件承载力不足,未考虑施工过程会遇到特殊情况。

3. 施工质量差

在工程检测鉴定过程中经常发现施工质量差的现象,一方面是建筑市场管理的原因,如低价中标,甚至没有利润的不合理报价,拖欠工程款,拖欠材料款,垫资施工;另一方面是施工单位片面追求产值和利润,没有把好质量关,放松企业内部的质量检查和管理体系;施工人员技术水平不高,很多建筑工人是直接从田地走上了工地,没有受过专业技术培训,责任心不强,违反施工工艺和操作规程,以为"安全度高得很",因而施工马虎,甚至有意偷工减料;技术人员素质差,不熟悉设计意图,为方便施工而擅自修改设计;砌体结构砌筑方法不当,造成通缝;空心砌块不按设计要求灌注混凝土芯柱;钢结构的焊接质量或焊缝高度达不到设计要求;材料选择和使用错误,导致工程质量问题,如菱镁混凝土楼板垫层,引起钢筋生锈,冬季施工防冻剂质量问题,引起钢筋锈蚀,小厂废钢再加工生产的钢筋,性能不达标的水泥等,砌块出厂放置时间不够就砌墙,出现收缩裂缝等。

还有监管方面,有些时候是原材料和构配件质量不能满足设计和材料标准的要求,使用不合格的材料,材料缺乏进场检验,弄虚作假,进场检验的样品与工程所有材料不一致等。施工管理不严,不遵守操作规程,达不到质量控制要求。

4. 建造时所用设计标准过低

早期所用规范由于受经济条件的限制,安全储备相对较低;20 世纪 80 年代所制定的雪荷载、风荷载按"三十年一遇"考虑,其荷载值明显偏小,安全性要求较低。例如,在 1976 年唐山大地震前,很多建筑没有抗震设防或设防要求较低,在遇到地震或突发自然灾害时,往往成了破坏的重灾区。

（二）使用阶段的问题

1. 改变用途或增加使用荷载

使用中改变房屋的使用功能、任意增大荷载,如阳台改为厨房或当库房,办公楼改为生产车间,一般民房改为商业或娱乐场所。

2. 随意拆除承重构件或者改造

临街住宅在改造成店面房时,在拆除承重构件或者承重构件上开洞;有的虽经加固处理,但加固时未支顶或拆墙后再加固,均对承重结构造成实质性的损害,严重影响房屋的安全使用。

3. 任意加层扩建

为扩大房屋的使用面积,对原有下层结构未进行验算,就盲目在原有建筑物上加层,增加了原结构及基础的负荷。开挖地下室增层引起房屋倒塌的事故也时有发生,由于房屋处于繁华的市中心,无法在地上扩大房屋的使用面积,私自非法在室内开挖地下室,引起周边建筑及自身房屋严重破坏或倒塌。

4. 随意搭建扩建的建筑

在原建筑上随意搭建或扩建,有些扩建施工质量差,与原结构连接较弱。

5. 超期使用不做评估

一般房屋结构的设计使用年限为 50 年,按国家相关规范的要求,超过设计使用年限的房屋须进行鉴定。房屋产权人安全意识淡薄,过了设计使用年限继续使用,不委托房屋鉴定机构进行鉴定,难以保证房屋后续使用的安全。

(三)灾害或环境的影响

1. 山体滑坡

建在山坡上或土坡坡脚附近的建筑物会因土坡滑动产生破坏。造成土坡滑动的原因很多,除坡上加载、坡脚取土等人为因素外,土中渗流改变土的性质,特别是降低土层界面强度,以及土体强度随蠕变降低等是重要的原因。

2. 煤气爆炸

在老旧小区,由于煤气管道使用时间长,造成管道煤气泄漏,当煤气达到一定程度遇明火时引起爆炸,爆炸的冲击波引起房屋严重损坏或坍塌。

3. 火灾

火灾是受外作用引起房屋损坏中最多的一类。导致火灾的原因很多,归纳起来不外乎电气事故、生活用火不慎、违反操作规程、自燃及人为纵火等原因。火灾轻者引起过火区域财产损失,重者引起房屋整体坍塌。

4. 车辆或其他撞击

位于公路旁或道路旁的房屋,受车辆或其他撞击引起房屋损坏的现象时有发生。特别当房屋所在路段既有下坡、又有拐弯时,最易发生超载卡车因超速而侧翻的事故,进而撞击邻近房屋,引起房屋的损伤。

5. 房屋周边开挖或降水

大多数发生在软土或砂土地基中,由于建筑物荷载不仅使本建筑物下的土层产生压缩变形,而且在基底压力影响的一定范围内,也会产生压缩变形。同样,在房屋周边人为抽取地下水,而使软土中含水量降低,也会导致地基变形加大,甚至危及结构安全。

6. 台风和暴雨

对于砌体结构的房屋,上部结构通常采用混合砂浆砌筑。当建筑物遭洪水浸泡后,混合砂浆强度显著降低,影响主体结构承载能力,严重时会引起房屋坍塌。

7. 房屋周边爆破施工

房屋周边爆破施工,爆炸的冲击波会引起房屋振动及损坏,轻者门窗变形、玻璃震碎,重者引起房屋严重损坏或坍塌。

8. 地下工程施工

地铁、热力管道等施工不当,影响周围房屋安全。

综上所述,影响既有房屋安全不外乎房屋自身质量、房屋使用方面的问题和外荷载作用三方面的因素,而房屋自身质量是影响房屋是否能安全使用的主要因素,要加强房屋在建时勘察、设计、施工各个环节的质量控制,保证房屋的工程质量;作为房屋的使用者,在使用过程中,不得随意改变结构和使用荷载,加强对房屋的正常维修,注意观察房屋在使用过程中是否出现裂缝、门窗变形等情况;当受到灾害或外界环境条件的改变引起房屋损坏时,房屋产权人应及时委托有资质的房屋鉴定机构鉴定,并采取相应的措施。

(四)倒塌事故分析

近几年我国老旧房屋倒塌和事故频频出现,引起国家和社会关注,根据近几年我国老旧房屋出现倒塌事故的统计情况,初步分析主要问题如下。

1. 使用 20—30 年的多层砖混结构安全问题比较多

据不完全统计,历年来我国发生倒塌事故的房屋中,砖混结构和砖木结构房屋占 81%、钢筋混凝土结构房屋占 8%、钢结构房屋占 11%。使用 20—30 年的房屋在 20 世纪 80 年代末期和 90 年代初建设,主要是在建造施工时,施工质量达不到验收规范要求,甚至存在偷工减料现象。对砖基础防潮处理工艺简单,地基基础承载力低,原材料进场控制不严,房屋承重墙的砌筑砖和砂浆强度偏低,砌体结构砌筑方法不当,造成通缝,影响承重墙体强度,预制板连接构造不满足要求等。

2. 地基危险直接造成房屋危险

建造在河边、山区、采空区、海边等危险地段的房屋,在地震、台风、暴雨中地基出现问题或山体滑坡等,造成房屋损坏甚至倒塌。建造在危险地段的房屋易出现事故,老旧房屋建造时往往没有进行场址安全评估。

3. 除主体结构倒塌损坏外,装饰装修和非结构构件也有安全隐患

主体结构是指建筑物中以建筑材料制成的由梁、板、墙、柱等各种结构构件相互连接的组合体。主体结构的首要功能是承重,保证建筑工程及设施的安全稳定。因此,建筑结构和建筑部件的最主要区别在于是否具有承重的功能,承重构件关乎建筑物的安全,同时,建筑装修和非结构构件出现问题,也会造成安全事故,如装饰装修的外墙贴面砖、外墙抹灰、玻璃幕墙及石材幕墙、广告

牌、高层建筑的门窗等非承重建筑部件坠落，非结构构件如女儿墙、雨篷、围墙损坏也存在安全风险。

4.设备问题引发房屋安全事故

建筑设备的安全主要由产品本身决定，但也与日常维护与使用有关。既有建筑的设备设施应定期维护和管理，设备设施包括给水排水、采暖通风、空调、电气、防雷等，老旧房屋水管老化损坏或堵塞引发房屋渗漏，电气故障引发火灾，特别是电梯、燃气、煤气等特种设备，电梯事故和燃气爆炸也会造成安全事故和房屋损坏。

第三节　绿色建筑在既有建筑改造中的具体应用

一、既有建筑改造中绿色建筑存在的问题

（一）绿色建筑评估体系存在的问题

在我国 2010 年推出的《绿色建筑评价标准》中，着重强调了资源节约在我国政策中的重要性，但是忽视了建筑物的绿色质量、性能、应用价值等要素。在评分体系中形成了建筑构成方面的漏洞。同时，这个评估标准回避了权重体系，使绿色建筑改造难以适应复杂的建筑市场变革。

（二）绿色建筑设计存在的问题

绿色建筑设计是一种结合设计，它集成了论证设计和许多学科设计，但是在建筑完成之后通常会出现很多问题，设计动态、质量测验和可持续能源循环等问题，没有做到生态的和谐共生。

（三）绿色建筑的建筑技术问题

从我国实际建筑技术来看,市场经济发展的总体水平不高,建筑技术和工程材料的应用不完善,不能将绿色建筑的发展和高科技有效地联系起来。在既有建筑的修复方面也存在诸多问题,由于既有建筑的电力系统、排水系统、环保系统等都相对完善,对其进行绿化改建时困难程度相当大。高新科技技术和既有建筑不能做到很好的结合,会使整体建筑失去"绿色",大大地削弱了绿色建筑的改革效果。

（四）既有建筑改造,绿环建筑保障问题

在市场机制的制约下,一个项目要想顺利地开展,必须经过多方项目的支持才能完成,对于既有建筑的改造问题,我国相关利益方非常多,城市建设发改委、城市规划局、建筑本身的多个利益方,要想实现多个利益方通力合作非常困难。即使可以实现对既有建筑的绿色改造,在改造过程中也会出现很多"突发"状况,如何使绿色建筑在既有建筑改造下能够稳定实施,是现在我国相关专家学者研究的重要课题。在我国,既有建筑改造的趋势已经越来越明显,对既有建筑进行绿化改造是重中之重。我国也出台了相关的法律和激励机制,包括对绿色建筑给予财政补贴、开设绿色贷款业务、减税政策等。我国正在加快完善绿色建筑的工作步伐,并出台了相关的规划设计(节能、建材、建筑等),深入探究评价指标,从而正确引导资金流向,扶持绿色建筑的发展。

二、绿色建筑在既有建筑改造中的理念

我国既有建筑改造实施绿色建筑建设较晚,因此绿色建筑水平和国际先进水平有一定的差距,为了实现我国的可持续发展战略,就必须要探索出一种独特的节能途径,优化我国建筑改造的系统工程。

（1）绿色建筑评价指标的基本理论。绿色建筑的基本理论是由建筑意识和建筑法规两部分组成的，是我国唯一一个作为行政手段推出的强制性实施措施，在我国既有建筑改造中，提高了绿色的应用周期，也明确了绿色建筑的评估体系以及相关的认证系统。使建筑物在"绿色"工程建设中，达到指标污染，并保持体系正确，成功地将建筑干旱转化为"绿色"实践。

（2）在绿色建筑建设过程中，必须有一整套清楚明白的评估标准为其后期检验服务，最终实现其重要意义。在绿色建设初期，很多建筑设计师会因没有标准而盲目设计建筑，甚至有些设计师认为，绿色建筑就是提高绿化率，即用自然资源材料堆砌而成的建筑，并没有系统地对其建筑的场地、能源和资源、建材材料等因素考虑周全。绿色建筑评价体系的建立是对绿色建筑设计目的的确定。实现整体建筑设计过程中环境因素的综合性考量，使绿色建筑在处理回收利用等关系时有一个具体的评估标准规范。

（3）绿色建材、科学技术推动了绿色建筑的发展。绿色建筑所追求的就是最大限度地应用自然资源的可持续发展特性，也就是最大限度地利用大自然，如光、风、热、水等自然资源。通过合理的采光设计、通风设计、循环水设计等先进设计理念，实现建筑改造过程中的"绿色"化。

三、具体应用案例——江浙、岭南地区建筑室内外节能设计案例分析

江浙、岭南地区作为我国重要的经济发展区域，在建筑室内外节能方面一直都备受关注，也在探索符合这里的典型发展模式，为此，探讨江浙、岭南地区建筑室内外节能设计案例，将其作为全国不同区域的设计借鉴代表，就显得非常有必要。

（一）上海世博会园区

2010 年上海世博会以"城市，让生活更美好"作为主题，这是

世博会历史上首次以"城市"为主题,也是世博会历史上占地规模最大、参观人数最多的一届综合博览会。

1. 生态规划主线

上海世博会规划以未来为起点和向导,立足世博会发展的未来、城市发展的未来、上海发展的未来这三条主线全面思考。作为园区规划的重要组成部分,其生态规划设计以将短期事件转化为城市可持续发展长期效用为目标。主要针对以下三个方面的核心问题展开。

首先,梳理现状要素,修复并更新园区生态基底。园区现状中既包括了黄浦江、白莲泾、滨江湿地等自然生态要素,也有大量受近代工业影响的人工要素,包括一个污染严重等待搬迁和改造的钢铁厂、几个计划搬迁的造船厂、化工厂、港口机械厂、码头仓库、电厂和待改造的水厂等。另有需拆除的危棚简屋、需重建或改造的住宅建筑。因此,如何对污染的现状要素进行生态修复与更新,有效利用现有的自然生态要素,为园区规划提供更和谐的生态基底,成为上海世博会生态规划的首要任务。

其次,实验生态城区,营造会展期间健康舒适的园区环境。上海世博会会期处在上海每年温度最高的月份,其中7月、8月、9月三个月更是上海最酷热高温的月份。园区每天有平均40万人次进出参观,人流密度高,而且参观者的大部分时间将消耗在室外参观、场馆间移动以及进馆前等待上,因此,世博会生态规划必须考虑如何在"高温、高湿"的地域气候条件下,为园区的参观者营造健康舒适的园区环境,同时示范世界各国在降低城市能源和资源消耗方面所取得的进步和实践经验,演绎世博主题。

最后,示范城市更新,塑造上海未来的生态滨水空间。上海世博会园区位于城市中心边缘的黄浦江两岸滨水地区,其开发建设必然与上海城市整体建设密切关联,并以满足上海未来整体发展要求为目标。因此,世博会生态规划对园区工业厂房的更新利用以及对居住社区的改造,需要更深入地考虑为上海的都市更新做出根本性的贡献,为上海塑造未来的生态滨水空间,成为生态城区建设的典型范例。

2. 生态规划理念

（1）和谐城市

世博会规划设计提出了"和谐城市"的整体核心理念指导思想,将世博会作为未来"和谐城市"的范例进行演绎。"和谐城市"从理论上说,应该包含三个向度的内涵,即人与自然的和谐、人与社会的和谐、历史与未来的和谐。这里既包含了人工环境与自然环境的融合和互动,也包含了城市中间不同来源、不同信仰、不同文化背景人群之间的交流与互助,同时还有时间向度上的城市历史文化遗产与新技术之间的互动和促进,是一种动态的和谐观念。

（2）"正生态"

针对工业城市的污染问题,在"和谐城市"的基础上,进一步提出"正生态"概念(图6-1)。对于生态设计的研究,建筑设计走在城市规划的前面,从20世纪70年代建筑设计就开始了大规模研究零能耗的探索,比规划要早30年的时间。实际上到了城市规划设计在生态节能领域的空间比建筑设计更大,因为城市可以从能源的消费者转变为能源自身的生产者,而这在建筑设计领域是非常困难的。"正生态"概念在"生态"基础上又向前推进了一步,即城市发展不应是无节制地耗费能源,而应当在实现能源"零消耗"的基础上实现对自然的供给。这是对城市发展模式一次革命性的重塑,并在世博会生态规划设计中采用增绿、净水、采能、凉岛等一系列技术手段予以体现。

3. "生态世博会"评价体系研究

为了保证上海世博会"和谐城市"与"正生态"理念的落实,我们参考"绿色奥运"案例经验,结合世博会展馆未来功能转变的特征,创新地以城市规划实施控制的过程为主线,对世博会园区的各空间要素进行自然和经济生态评价及引导,在以往一维或者二维指标体系框架基础上构建了全新的时间维、空间维和生态维三维体系框架岛,提出了支持生态世博会全生命周期的生态评价管理与引导机制(图 6-2)。

图 6-1　上海"正生态"概念(部分)

　　首先在时间维上确定上海世博会可持续发展的阶段目标,即阶段目标层。阶段目标层按时间轴,即规划阶段划分,可分为园区选址、规划设计、建设控制、运营管理、后续利用 5 个阶段目标。

　　在阶段目标层下,根据各阶段规划工作的要求,在空间维上建立一个或数个较为具体的分目标,即准则(类目指标)。每个阶段下分 5 条准则,分别是全市规划、地区规划、园区规划、园区交通、园区市政、场地设计、建筑单体、构筑设施、地下空间、室内设计 10 项。

　　在生态维上建立准则层,由具体指标组成,具体指标是环境生态和经济生态与规划主线的交集,包括大气环境、声环境、光环境、电环境、热环境、水环境、土环境、生物环境、资源、材料 10 项。

　　最后对具体指标进行指标释义。

　　上海世博会生态评价指标体系强调的是建立一个动态和开放的发展过程,不仅对于二级指标、三级指标可以进行修改、完善、增删等工作,而且对于一级指标、二级指标的权重设定也应该结合城市的发展现状和目标而有相应的改变与体现。根据世博会建设的周期和上海城市发展的政策等而做出相应的调整和不同侧重。

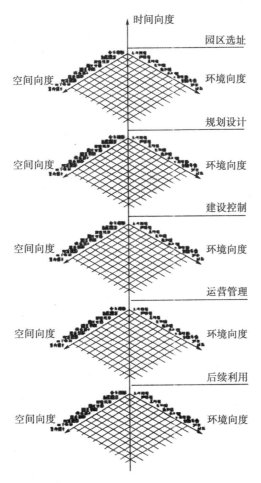

图 6-2　生态评价管理与引导机制

这一贯穿五阶段(园区选址、规划设计、建设控制、运营管理、后续利用)全生命周期的三维(时间维、空间维和生态维)结构模式,为上海生态城市和循环经济大都市建设提供了参考范本,同时也将弥补我国中观层面针对大型城市地段开发建设项目的评价体系的缺失。

4. 生态设计研究与实践

（1）净化黄浦江试验水渠

2004 年同济大学设计团队提出了保育滨江生态湿地和净化黄浦江试验水渠系统。净化黄浦江试验水渠系统是"和谐城市""正生态"系统的重要组成部分,通过采用现代水处理技术,展示黄浦江之水是如何进行处理和利用的,最后将干净的水流还给黄浦江,彻底颠覆母亲河流在城市中往往是污染水系的状况。其过程本身除了生态技术展示外,也强调景现、文化的互动体验价值。特别是结合文化主题广场等形成了独特的水迷宫、水螺旋、一渠多流、人工湿地、千米旱喷泉、喷泉景观区、大型腾泉、大型瀑布等景观,同时,喷雾、人工湿地等也是调温系统的一部分(表 6-1)。

表 6-1　净化黄浦江试验水渠系统生态技术流程组织及景观规划

步骤	位置或区域	主要技术	景观表征
1. 取水区	堤防外黄浦江中	自流为主	隐蔽,不影响通航,可结合外码头设置
2. 格栅过滤区	堤防外滨江绿地内,沉淀池之前	格栅过滤	隐蔽,滤出物可以用于园区植物的养分
3. 沉淀池	堤防外滨江绿地内	沉砂,去除异味	上部覆盖绿化,沉淀的淤泥可以用于园区植物的养分
4. 提升区	堤防外和内	水泵	出水截面较小,可见激流景观,利用动能运转大水车,形成水车动水景观
5. 滤砂区	星月广场区域,绿化廊道区	砂滤	通过交错的十字形水渠,布置砂滤层,进行过滤处理,大量十字形水渠组合,亦可形成直线形水迷宫景观
6. 转刷过滤区	绿色廊道区	转刷过滤	为增加水的流程,该处规划设置水螺旋,亦可形成渐开线形水迷宫,转刷既可以是动力装置,也可结合休闲娱乐,组织游客进行人工踩动
7. 人工湿地塘	绿色廊道区	生物处理	人工湿地+特色植物+荷塘+鱼塘

步骤	位置或区域	主要技术	景观表征
8. 活化曝气区	联合展馆、世博轴	空气型和臭氧发生技术，主要曝气法、射流法	水雾喷泉群、千米旱喷泉景观、大小不同的泉水喷泉沸腾景观、中国园林理水艺术
9. 排水区	自建馆	提升、自流	水从堤防甚至更高处落下，形成浩大的滨江瀑布组群景观

（2）基于舒适度的微气候模拟

为了营造更为舒适健康的园区环境，设计者应用 Ecotect 和 CFX 软件，对 $6.68km^2$ 的世博会规划方案进行日照模拟和风场模拟，使用 GIST 工具将外部空间分为不同的网格（GRID）区域，进行多准则（multiple criteria evaluation，MCE）叠加分析实验。

根据叠加的园区舒适度综合评估，对园区规划设计方案进行局部的修正优化，达到最舒适的园区环境。以前的节能往往考虑的是建筑内部的节能，近年来建筑师在节能设计上所取得的成就很大部分是建立在城市规划师、设计师在城市规划和设计阶段不作为的基础上。而在世博会的生态规划中，设计者通过模拟，按照日照辐射和风速的综合舒适度来评价和调整规划，通过城市形态设计引导上海的主导风，做到每一个窗户都有自然风，大大降低空调的使用。

（3）多层次立体化的绿化生态

世博会园区的绿地生态结构体现了"都市生态"的概念，由"底、网、核、轴、环、带、块、廊、箱"九类构成。大比例的底层架空使全园大部分悬浮在绿网之上，空中建筑的外表面也能成为绿化的载体。绿核、绿轴、绿环构成了和谐城市的标志性绿色空间。绿带、绿块、绿廊穿插于全园，集中展示了采能、增绿、净水、调温的作用。绿箱则体现了生态建筑和立体绿化。

（4）控温降温技术

设计者在对园区规划设计方案进行数值环境模拟评价的基础上，提出了遮阳、材料、绿化、自然风、地道风、水体六大方面的控温降温技术和措施,即从被动式技术到主动式技术的控温降温综合技术,并将生态技术功能与展示结合,设置趣味降温设施,增加参观者的生态体验。

（5）更新历史保护建筑的生态

上海世博会园区场址内现有江南造船厂、上钢三厂、南市电厂等大量工业设施和厂房。经过倡导,在 $5.28km^2$ 的园区红线范围内,将 38 万平方米的工业厂房和民宅纳入保护范围,在 $3.28km^2$ 的围栏区内,重新利用了 25 万平方米现有的工业厂房。这将是世博会历史上破天荒的举措,其规模在旧城改建史上也少有。园区基地的建筑上随处可见的"留"字,改变了中国城市中经常看到"拆"字的粗放式建设模式,把世博会园区中间的大量工厂变成世博会园区中间的企业馆、主题馆,原来的厂房、仓库变成展厅,相信通过这样的探索,通过大规模对工厂、旧建筑的使用和生态节能的改建,会在人类的世博会历史上创造新的一页。

地源热泵技术、太阳能及燃气补能系统、辐射吊顶技术、内遮阳节能系统、绿色材料及保温体系、屋顶花园、节能照明系统、智能控制即时展示系统、雨水收集系统、太阳能热水系统 10 项技术,在世博会园区的工业厂房改建中予以落实,探索了历史保护建筑的生态更新技术。

（二）张江集电港总部

张江集电港总部办公中心扩建工程总建筑面积 23 710m^2,其中包括 4 幢办公楼、2 幢餐饮会议楼、生态中庭以及连接廊道等工程。建筑设计均遵循绿色、节能建筑标准,综合应用多项建筑节能技术,形成一套适宜夏热冬冷地区的建筑节能技术体系。这些节能技术的综合运用可实现建筑节能达 65% 以上、夏季低能耗、冬季超低能耗乃至零能耗的目标。

本工程中运用到的基于节能的建筑整合设计策略的相关要点概述如下:

（1）能源布局合理。为有效利用自然采光和冬夏季风向,A—

F楼及扩建区呈南向布局；为实现采光和节能的协调，经对室内采光计算后，大量设置反光和折射板；零能耗生态中庭采用呼吸式幕墙，空调系统采用地源热泵系统，电力由太阳能光伏发电系统提供；为实现风压和热压相结合的自然通风设计，使用太阳能玻璃拔风井道、通风百叶等产品和技术，在过渡季节可实现全自然通风。

（2）能量梯级利用。建筑形体以矩形及其组合为主，局部凹凸较少，从而减少能量损失；采用太阳能光伏发电、太阳能热水系统及地源（土壤）热泵空调技术；利用市政余压及变频供水进行系统节水设计；采用人工湿地中水系统，合理选择湿地植物，设雨水回用系统。

（3）能量路径优化。围护结构节能技术采用外墙内保温构造、呼吸式幕墙、保温屋面以及种植屋面等。

（4）节能技术协作。

1.工程概况

本工程位于浦东张江高科技园区东部扩展区，基地总体布局依据张江园区内原有结构道路自然形成。共有三横一纵四条主结构道路穿越其中，东西方向为龙东大道、祖冲之路和高科路，南北方向为张东路。周边均为居住建筑，公共设施一应俱全，可充分利用为居住配套的公共服务设施。此工程建筑经扩建后可形成区域性的办公中心，由A栋、B栋、C栋、D栋、E栋、F栋和A+B扩建区（中庭）、C+D扩建区及新建连廊等部分组成，其中C+D扩建区包括多功能厅、休闲餐厅和展厅等，可打破住区范围，实现与周边地区的共同使用。地理位置示意如图6-3所示，总平面布置如图6-4、图6-5所示。

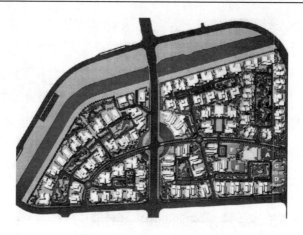

图 6-3　张江高科技园区东部扩建项目地理位置示意图

图 6-4　扩建后的办公中心总平面布置图

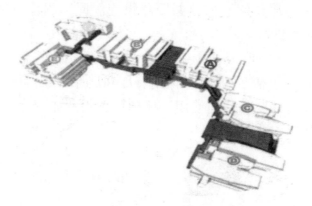

图 6-5　办公中心建筑群的模型图

2. 建筑节能设计方案

（1）实现建筑节能率 ≥ 65％ 的目标。外墙实体部分采用性能优良、技术成熟的内保温构造技术；屋面采用高效的保温材料结合防水技术，以达到节能和改善顶部房间室内热环境的效果；玻璃幕墙（包括呼吸式幕墙）使用高保温、高气密性的产品，以提高建筑整体保温隔热效果；建筑外立面采用兼具美观效果的活动式外遮阳技术，以增强夏季建筑整体隔热效果，且不影响冬季建筑采暖要求。

（2）零能耗生态中庭。生态中庭是本工程的新建部位，也是进行生态规划和技术集成的重点部位，为绿色生态项目的精华所在。生态中庭采用高标准的围护结构设讯空调系统采用地源热泵系统，整个生态中庭的电力由太阳能电池提供，实现了中庭的零能耗。如图 6-6 所示。

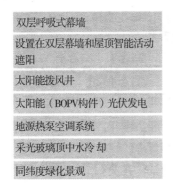

图 6-6 零能耗生态中庭主要节能技术分布

（3）实现建筑生活污水零排放。充分发掘人工湿地净化污水的能力，所有建筑生活污水、屋面雨水均被统一收集，分别经过各级污水处理，达到《城市污水再生利用城市杂用水水质》（GB/T 18920-2002）的城市杂用水质要求，之后全部回用于冲厕、绿化，实现生活污水的零排放。

（4）建成绿色生态监测展示系统。注重生态技术在实际建筑中的运行效果，在围护结构中设置 30 多个温度传感器，在室内设置温度、湿度以及 CO_2 传感器,在太阳能热水、光电、人工湿地、地源热泵地埋管等处设置数据采集装置,并结合建筑智能控制系统编制软件。此监测展示系统能够对整个建筑运行能耗进行全面的监测,并且提供各个子系统的展示板,实时显示当前各系统的工作参数,并且可以通过模拟计算和实测数据分析,显示建筑能源利用等方面的即时状态。

3. 建筑节能技术措施

(1)围护结构体系

①外墙节能

作为改扩建项目,为了不破坏原有建筑的外立面,采用外墙内保温技术体系。其主要构造为外饰面 20mm 水泥砂浆 +200mm 混凝土空心砌块 +30mm 厚挤塑聚苯板 + 空气层 +8mm 粉刷石膏。外墙主体的平均传热系数达到 $0.86W/(m^2 \cdot K)$。

原外墙采用的玻璃幕墙体系是内框架结构,因此由钢筋混凝土形成的外墙热桥部位并不多,仅在部分外墙与屋顶、楼板、阳台连接的部位以及框架柱处出现。考虑到内保温对热桥的隔断作用较差,对此类部位加强了保温处理。

②屋面节能

屋面分为生态种植和高技术应用两部分。一是将原有建筑结构屋面改造为生态种植屋面;二是在新建中庭的采光屋面设计中采用集太阳能发电、采光、夏季遮阳、流水景观为一体的智能屋面。

生态种植屋面对建筑具有调节微气候环境、保温节能、雨水利用、美化环境和保护建筑的作用。经过测试,在炎热的盛夏,屋顶植草层下表面温度一般仅为 20—25℃,优于任何一种隔热方法,能有效降低室内温度。生态种植屋面的位置和实景如图 6-7 和图 6-8 所示。

图 6-7　种植屋面位置图

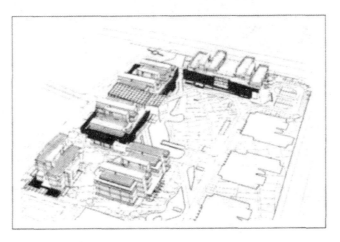

图 6-8　种植屋面实景图

　　新建中庭屋面为玻璃采光屋面,设计采用太阳能发电、采光、夏季遮阳及中水冷却系统等,组成了体系化的智能屋面。如图6-9 和图 6-10 所示。

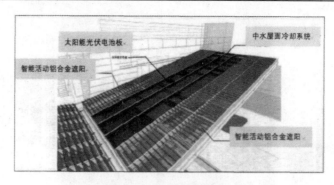

图 6-9　智能屋面示意图

图 6-10　生态屋面实景照片

　　虽然已在屋顶设置了遮阳措施,但为了防止夏季中庭过热引起空调能耗过大,又增补设计了新型的水冷却玻璃屋顶系统。此系统不仅可以冷却屋面,流动的水幕也给生态中庭带来了生趣,在炎炎夏日形成一道独特的风景线。

　　冷却水的水源采用人工湿地的中水,独立设置水箱形成自循环系统。在水箱处设置水位探测仪,当水箱水位低于设计值时则由中水池补水。经过计算及测试,水对屋顶所受太阳辐射的阻挡作用可使屋面内表面温度基本稳定在 36—38℃。

　　③外窗及遮阳节能

　　原有建筑的外墙采用玻璃幕墙,因此设置外遮阳是最有效的节能改造方式。在对新旧建筑相互关系比较、太阳光入射角度等进行研究后,确定部分利用建筑遮阳、部分设计活动遮阳的方案。距离地面 4m 的架空玻璃廊道,设计尺寸充分考虑遮阳因素,使廊道尽可能地发挥遮阳的作用。活动硬遮阳采用铝合金百叶,结合气象采集系统设置智能控制系统,可根据结合室内外温度、太阳辐射强度、空调运行状态等进行智能控制,还可以实现针对雷雨的安全防护。

　　新建中庭采用呼吸式幕墙。呼吸幕墙又称双层幕墙,与传统幕墙不同,它由内、外两层幕墙组成,在内外幕墙之间形成一个相对封闭的夹层。空气从下部进风口进入夹层,再由上部排风口排出。该夹层空气经常处于流动状态,空气在夹层内的流动与内层幕墙的外表面不断进行热量交换,实现对流换热。

　　(2)照明节能措施

　　结合天然采光进行系统照明规划设计,照明光源全部采用节能灯具。具体配置见表6-2。

表6-2　照度值及相应节能灯具

参数类别	A、B楼及中庭
节能灯采用类型	CFH-1850-226 IC-D 2+26W
水平地面最低照度	42 lx
水平地面最高照度	374 lx
水平地面平均照度	225 lx
参数类别	C、D楼多功能厅
节能灯采用类型	大厅 CFH-27501-132 IC-TEL32
水平地面最低照度	143 lx
水平地面最高照度	320 lx
水平地面平均照度	285 lx

　　3.节水措施

　　办公楼的设计工作人员为250人,按照每人60L/d计算,估算实际建筑用水总量接近2.2万L/d,其中冲厕用水、洗手、餐饮等用途均按照50%进行设计。采用系统节水措施、人工湿地利用及中水回用技术等,冲厕用水全部由中水回用系统供给,用水设备均采用节水率达到30%—50%的高效节水器具。因此,系统综合节水率可以达 60% 以上，非传统水源的利用率超过 50%。

（三）上海"浦江智谷"商务园

1. 工程概况

"浦江智谷"商务园是为适应上海发展现代服务业和外包服务基地的战略，由上海鹏晨联合实业有限公司建设，以节能、健康、舒适的建筑和自然的生态环境为特色的商务园区。基地位于闵行区浦江镇漕河泾出口加工区规划范围内，西靠三鲁路、东依召楼路、南濒沈庄塘、北临友谊河，近期规划用地面积约 1 100 亩，如图 6-11 所示；规划地面总建筑面积约 88 万 m²，容积率 1.2，绿化率达 45%。该地块位于联航路南北两侧，交通便利，水系发达；周边产业密集，配套完善。总占地约 3.7km² 的漕河泾出口加工区高科技园区与"浦江智谷"项目形成产业定位上的优势互补。其综合配套区距"浦江智谷"仅 2km，占地约 1km²，规划将有60% 地块面积用于酒店、旅馆、酒店式公寓等居住设施，30% 地块面积用于发展文化场所和休闲设施，10% 用于商业配套。

图 6-11 "浦江智谷"商务园一角

"浦江智谷"商务园园区规划分为西块、中块、东块三部分。总体规划构思是中间为量身定制的 20 栋独立商务办公楼群，每栋建筑面积约 8 000—15 000m²；东西块为国际上流行的多层大平面研发楼群，可建面积约为 65 万 m²，并在地下配有充足的停车车位。建筑与周边环境共同构筑一个由生态走廊和生态庭院二级系统组成的生态体系。中块办公楼群利用自然与规划水系的优势滨水而建,形成有特色的滨水景观建筑,环境亲水性被大大加强。本工程为位于中块的一期建筑群,占地面积达 20 余万 m²,总建筑面积达 30 余万 m²,包括 1 幢商务楼和 4 幢研发楼以及所有生态环境的建设。其中,1 号商务办公楼已投入使用。

2. 建筑节能设计方案

"浦江智谷"商务园内所有建筑均以节能、健康、舒适的理念作为建筑设计标准。园区内建筑完全避免传统办公楼普遍存在的新风量不足、室内空气浑浊、病菌交叉感染以及能耗过大等问题。与传统建筑相比,其综合能耗可节省 70% 以上。商务园区内的办公楼整合集成了当今国际上成熟实用的外保温墙体、外遮阳窗、全新风、楼板埋管和地源热泵等五大节能技术,仅就浦江智谷商务园 1 号办公楼而言,在 2007 年 1—12 月间与同类传统办公楼相比已节约电费 65 万元。

(1)"浦江智谷"商务园 1 号楼

1 号商务楼办公楼是德国著名设计师设计,由外观呈椭圆滴水状的 2 幢建筑组成,傍水而建,总建筑面积 1.2 万 m²,设有屋顶花园,得房率高达 86%。同时采用了外墙外保温、全新风置换全热回收、楼板埋管、地源热泵、雨水收集综合利用、太阳能光热利用等 10 项节能技术,与传统建筑相比,可节省能耗 75%,开创了国内首个节能建筑群体(图 6-12)。

图 6-12　"浦江智谷"商务园 1 号楼

（2）生产厂房（研发中心）及辅助用楼

研发楼群呈围合式布局，咖啡吧、健身、休闲、餐饮、银行等商务配套设施一应俱全。其建筑面积分别为：7 号楼 25 540m^2，8 号楼 23 163m^2，9 号楼 25 505m^2，10 号楼 23 128m^2，单层面积在 4 000—6 000m^2 间，均为 4 层建筑，底层层高 4.0m，标准层层高 3.8m（图 6-13）。

图 6-13　生产厂房（研发中心）及辅助用楼

3. 建筑节能技术措施

"浦江智谷"办公楼在建筑节能设计中采用了当今国际上成熟适用的节能、健康、舒适型建筑的综合设计理念和施工技术。

（1）围护结构体系的节能技术措施

所有建筑外墙均采用外保温技术,保温材料采用热传导系数不大于 0.032W/m·K、厚度为 60—80mm 的 EPS 发泡聚苯乙烯保温板,组成性能优良、技术成熟的外保温构造:模塑聚苯乙烯保温板 + 加气混凝土砌块 + 空气层 + 加气混凝土砌块,整个外墙的综合传热系数不大于 0.4W/m² · K。此建筑保温方式不占用室内空间,与传统内保温方式相比,其保温性能更好,还可避免墙体结构层受外界气温变化的影响,做到冬天暖气不外逸、夏天酷热不内渗。

玻璃幕墙采用 6+16A+6 的中空充氩气双层 l0w-e 玻璃,其传热系数不大于 1.5W/m² · K,隔热保温效果明显。

外遮阳系统采用轻质铝合金遮阳卷帘,有良好的抗风压性和免尘性,表面材料为多层粉末聚酯烤漆,光滑且不易附着灰尘。遮阳卷帘的开启,可根据室内对太阳辐射的不同需求来调节,实现对光和热的自主选择,如图 6-14 所示。

图 6-14 不同的日光增强型百叶窗

屋面构造采用高效保温材料 XPS 挤塑聚苯乙烯保温板 + 混凝土楼板,平均传热系数不大于 0.354W/m² · K。另外使用屋顶绿化,可减小屋顶温度变化幅度,防止建筑物开裂;减少紫外线辐射,延缓防水层劣化;也可降低对建筑物室内温度的影响而节约能源。此外,屋顶绿化结合地面绿化所营造的立体绿色环境,能使入驻人员产生良好的心理效应,如图 6-15 所示。

图 6-15　绿野华庭园和太阳能集热器

采用楼板埋管系统。这种采暖制冷系统构造是在楼板内埋有直径 20mm、间距在 200—300mm 的供暖和供冷水管,水管内冬天注入 26—28℃ 的热水,夏季注入 18—20℃ 的冷水,通过楼板面积大的优势向室内辐射冷或热,使室内空气温度维持在冬季不低于 20℃,夏季不高于 26℃ 的人体舒适范围内。另外,屋顶采用 80mm 厚 XPS 挤塑聚苯乙烯保温板,地下室顶部采用 60mm 厚 EPS 发泡聚苯乙烯保温板,平均传热系数在 $0.25W/m^2 \cdot K$ 左右。

（2）可再生能源与建筑一体化应用节能措施

①采用太阳能光热系统

采用太阳能光热系统承担建筑物在过渡季和夏季的生活热水负荷。生活热水需求主要来自餐厅,要求提供 $30m^3/d$ 的热水量,温度为 60℃。太阳能集热系统与建筑一体化完美结合,采用平板型太阳集热器,集热系统运行效率在 45% 以上。夏季和过渡季中,当由太阳能集热系统加热的生活热水温度满足使用要求时,由太阳能集热系统单独提供生活热水。当太阳能集热系统加热的生活热水温度满足不了使用要求时,由太阳能集热系统和地源热泵机组联合工作,通过地源热泵加热提升供水温度,满足生活热水需求。冬季主要由地源热泵机组承担生活热水负荷。该系统实现了太阳能光热系统与地源热泵系统的耦合利用,可充分利用清洁能源,减少了对其他能源的消耗。

②运用地源热泵技术

商务办公楼的冷、热负荷完全由高效节能的地源热泵系统供给。由于地下一定深度范围内的土体温度是恒定的(上海地区为16—18℃),因此地源热泵系统可以利用地下能量对建筑物进行预热或预冷。供热时,地下管内的循环水从土壤中抽取热量;供冷时,向土壤中释放热量。这样地下土壤就成为一个天然、环保、绿色并且取之不尽、用之不竭的供能中心。

由于我国在地源热泵技术的应用方面尚处于起步阶段,而地埋管换热器的传热性能随着施工地点的地质构造不同而有较大差异,因此必须采用现场测试法对地埋管换热器进行实地试验研究,为地源热泵的优化设计和可靠运行提供试验数据。根据《地源热泵系统工程技术规范》的规定,为了准确掌握工程地点的地质情况和地下热物性参数,在当年的4月进行地埋管实验孔安装,并进行地下热响应测试。现场测试主要模拟地源热泵系统的运行工况,对实验孔进行取、放热测试,并通过分析供回水温度、流量、取热量和放热量等数据,计算现场地质条件下的综合热物性参数,包括岩土体导热系数、密度及比热等,为地源热泵系统的设计、优化和模拟提供依据。

在热响应实验结果的基础上,根据办公楼建筑的冷、热负荷计算数据,并考虑热泵机组的COP影响,确定地源热泵系统埋管方案如下:总打孔数量为1 550个;采用单U型式,管径为DN32,孔深100m;间距根据打孔位置不同分别设置,最小不小于4.5m。其中9号楼的打孔布置如下图6-16所示。

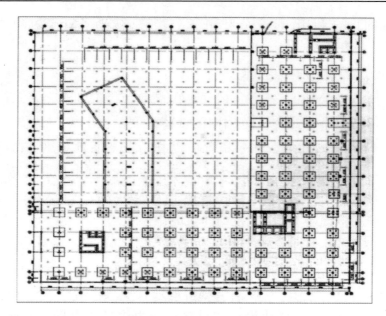

图 6-16　9 号楼的打孔布置

（3）其他建筑节能措施

①全新风置换及全热回收

全新风置换及全热回收系统将室外新鲜空气经过过滤、除尘、热回收利用、加湿或除湿等处理,将略低于室温的新风从地面以低速送风的方式送到建筑物的每一个角落。办公楼里设计全新风系统。按高档办公楼人均占用 15m² 建筑面积计算,置换式新风可使员工不开窗也能时刻享受到 30m³/h 的新鲜空气,同时可用新风调节室内相对湿度,使之维持在 40%—60% 的人体舒适范围之内。

②采用楼板埋管系统

楼板埋管系统是通过热辐射方式散热,冬天在水管内注入 26℃—28℃ 热水,夏季在水管内注入 18℃—20℃ 冷水,使室内环境温度能够均匀控制在冬季不低于 20℃、夏季不高于 26℃ 的人体舒适范围内。

③雨水收集综合利用

商务园区内设置统一的雨水收集系统,将所有雨水通过园区内的雨水管网系统汇集到人工湖内。人工湖作为一个蓄水池,随时可以将湖内的水经过处理后,用于水景补水、绿化浇灌、道路保洁和车辆清洗。这样既可节约水资源,又可节约大量的自来水费和排污费。

除此之外,园区还采用了节水措施:所有卫生洁具均采用节水型器具,使用率应达到 100%;坐便器采用容积为 6L 的冲洗水箱;公共卫生间采用感应式水嘴和感应式小便器冲洗阀等。

④ LED 节能泛光照明

采用 LED 节能光源、T5 节能灯管、松下 e-hf 节能灯管进行照明,不仅节约电能,而且美化照明景观。

(四)深圳万科中心

万科中心为住房和城乡建设部、财政部第四批可再生能源建筑应用示范项目之一,地处广东省深圳市盐田区大梅沙旅游度假区,西北临内环路,东南接人工湖,遥望大梅沙海滨公园与大鹏湾。万科中心以绿色三星为总体设计目标,已通过绿色三星运行标识评价。通过对总体规划和建筑单体设计,万科中心利用自然技术、本地绿色建筑材料等低成本、低投入方式,平衡和保护了周边生态系统,节约了能源,鼓励在成本可控范围内做出一定的新技术、新材料的应用与探索;同时,保证万科总部办公使用者的身心健康和舒适性。

1. 节地与室外环境

项目特色:底层架空设计充分利用自然通风,不影响周边区域原有建筑的自然通风,同时有利于建筑内部的通风环境。

深圳的自然通风条件优越,年平均风速为 2.7m/s,年主导风向为东南东风。针对夏季防热和利用自然通风进行分析,根据夏季典型气象条件下,风速出现频率最高的风向与平均风速,采用梯度风进行模拟分析边界条件的设置(图 6-17)。

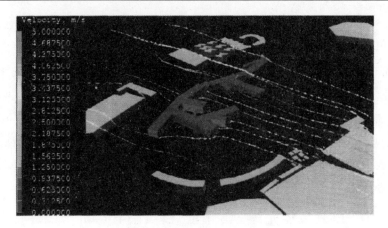

图6-17 建筑周边风向模拟图

本项目周围建筑环境对该建筑群体的遮挡影响较小,在主导风向的影响下,建筑群体周围的整体通风效果良好。

项目设计理念是形成"最大化景观园林之上的水平向超高层建筑",东西长、南北稍短的线状,建筑主立面朝向北侧,偏西约45°,形成建筑的主立面横跨该区域主导风向,有利于形成较大的建筑背、迎风面压差,各建筑楼层背迎风面均能保持2—4Pa的压差,有利于实现室内自然通风。根据规划用地,建筑布局规划在体现创新设计的同时,营造了充分利用自然通风的有利条件。

2. 节能与能源利用

项目特色:因地制宜的外遮阳系统、冰蓄冷空调系统、太阳能光伏与建筑一体化。

(1)围护结构

外墙主体采用200mm加气混凝土砌块,主体墙传热系数K=1.08W/(m²·K),外墙平均传热系数K=1.26W/(m²·K):项目的玻璃幕墙采用双银中空SOw—E玻璃,其传热系数K=2.0W/(m²·K),玻璃遮阳系数Sc=0.48,可见光透射比Vt=0.67,玻璃幕墙的气密性等级为3级。立面采用铝合金可调遮阳板系统。屋顶主体为150mm厚钢筋混凝土,保温材料采用35mm厚的挤塑聚苯乙烯泡沫塑料板,屋面为绿化屋面。屋顶传热系数

K=0.67W/（m^2·K）。

（2）空调系统

根据深圳地区的气候条件,万科中心只考虑夏季制冷,无须考虑冬季采暖,空调系统采用部分负荷冰蓄冷系统。该系统设计蓄冷量为1 920RTH,约占空调设计全日制冷负荷的44%。最大负荷时制冷机与蓄冰槽联合供冷,部分负荷时优先采用蓄冰槽供冷,充分利用深圳的峰谷电价政策来降低夜间运行费用。

空调系统的风系统采用地板送风+新风+全热回收的系统形式。地板送风空调机组（CAM）均布在各层,其出风区域设置具有二次回风和变风量功能的FTU终端机。新风机组风机采用变频控制,风量根据二氧化碳浓度控制。另外,空调机房中设置两台全热回收机组,用于新风预冷。

（3）太阳能光伏系统

项目的光伏系统分为两部分,一是并网光伏系统,二是独立光伏系统。并网光伏系统总装机容量为272.7kWp。该系统逆变器输出端组成三相五线制,直接并入万科变压器二次侧。并网光伏系统统一配置一套数据采集监控系统。独立光伏系统设计总装机容量为5.76kWp,该系统主要包括太阳能电池、控制器、蓄电池、照明灯具等,主要用于地下车库照明。地下车库面积约300m^2,总照明负荷为1 000W,阴雨天则采用市电直接供电(图6-18)。

图6-18　太阳能光伏系统

根据万科中心示范项目测评情况：并网光伏发电系统光电转换效率为 10.05％，地下车库照明太阳能独立光伏系统光电转换效率为 8.83％，并网光伏发电系统全年发电量为 27.68 万 kWh；地下车库照明太阳能独立光伏系统全年发电量为 0.5l 万 kWh：太阳能光伏发电系统全年总发电量为 28.19 万 kWh。

项目全年常规年总用电量（包括照明插座、空调和动力，不包括临时施工和特殊用电）为 147 万 kWh，单位建筑面积用电量为 88.6kWh/（m^2·a）。

3. 节水与水资源利用

项目特色：与周边景观结合的人工湿地系统，处理回收的中水与雨水。

（1）中水处理系统

本工程生活污水深度处理回用于场区绿化、道路广场冲洗及景观湖补充水，根据出水水质要求和生态型特点，处理方案采用生态治污法"垂直流人工湿地水质净化技术"，并以水解酸化及接触氧化作为湿地前处理。湿地出水经过杀菌消毒后，进入清水池储存作为绿化用水；当景观湖需要补水时，则一级湿地出水进入湖水循环湿地植物池进行深度处理，处理后出水排入景观湖。

（2）湖水循环处理工程

人工湖的面积为 3 000m^2，由于人工湖采用硬底湖设计，为便于人工湖的维护管理，采用较小水深，水深约为 0.2m，则人工湖的总水量为 600m^3，循环系统循环周期即湖水水力停留时间 HRT 取 3 天，则处理系统需处理循环湖水 200m^3/d。人工湿地面积为 200m^2。

湖水水质保持主要采用与城市及小区景观水域相适应的水质生态修复和生态保持技术和方法，模拟自然生态环境，强化生态系统的结构和功能，恢复生态系统的自我调节能力，建立良性循环。

（3）雨水收集处理系统

整个项目中尽可能多地采用渗透铺装来增强雨水下渗,同时收集回用雨水来降低径流排放量。屋面和露天水面承接的降雨蓄积在水景池内,回用于绿化和补充景观水池水量损失;硬化铺装区产生的径流首先流入周边的低势绿地或雨水花园,超过雨水花园和低势绿地处理能力的雨水,经溢流雨水口排入市政雨水管道。收集到的雨水经过垂直流人工湿地的处理,储存在清水池中,用于绿化与道路冲洗。项目中建筑屋面均采用绿化屋面,铺装多采用碎石、渗透砖、草坪砖等透水铺装。项目总用地 61 730m²,透水铺装达到 88%。

项目非传统水源主要有生活污水和屋面与露天场地承接的雨水,其中生活污水主要为万科总部的生活污水。东侧中水和雨水回用量为 3 942m³,西侧中水和雨水回用量为 2 818m³,中水和雨水的总回用量为 6 760m³。经处理后的中水和雨水用于景观用水和绿化道路浇洒。非传统水源实际利用率为 46.3%。

4.节材与材料资源利用

项目特色:万科中心(总部)的建设广泛使用了可再生、可速生、本地化的材料,以及无毒、无公害、无污染的建材和装饰装修材料:100%为绿色建材,本地材料占 51.6%。主要包括:

（1）以废弃物为原料生产的材料:项目在建造过程中用于钢结构、铸钢节点及钢筋翻样的钢材约 4 300 吨,所采用钢材在冶炼过程中含有 35% 的废钢;在核心筒砌体中,采用了由工业废料、建筑垃圾制成的约含 70% 的可再生混凝土空心砌块 1 500 吨。

（2）采用本地化材料:工程建造过程中采用了至少占总价值51.6%的当地材料。

（3）采用快速生长材料:项目房间的全部内门和部分地板(除玻璃门外)采用了竹门和竹地板,内部的办公桌椅也均为竹制产品。

5. 室内环境质量

（1）室内空气质量：项目设置室内空气质量监控系统,监测参数为室内二氧化碳浓度和温度,新风机组和全热回收新风换气机可以根据室内二氧化碳浓度变频调节新风量,地板送风专用机组的送风量可根据室内温度自动调节。

（2）室内光环境：项目玻璃采用高透光双银中空 Low—E 玻璃,可见光透射比为 0.67。采用活动可调外遮阳装置,外遮阳板上设置有透光孔,改善室内采光环境。项目设计有下沉庭院,景观水池和景观山丘上设有多个采光口,改善地下室的自然采光效果。

（3）声环境：对项目场地周边噪声情况进行实测,各测点等效声压值都小于 60dB（A）,场地声环境质量较好。同时,项目采用了中空玻璃幕墙、外遮阳装置、室内吸声降噪、建筑构件隔声、设备防噪和其他减低噪声等措施。

6. 运营管理

本项目建筑智能化系统包括智能监控部分(包括楼宇自控系统、安全防范系统、火灾报警及消防联动控制系统、建筑设备集成管理系统),信息网络部分(包括综合布线系统、公共广播系统、卫星及有线电视系统、通信网络系统、数据网络系统),其他部分(包括数字会议及同声传译系统、停车场管理系统、可视对讲及居家防盗系统、防雷接地系统等)。同时,设置有建筑能耗监测系统、完善的信息网络系统和建筑设备监控系统。

物业管理单位建立了比较完善的节能、节水等资源节约与绿化管理制度,明确各工作岗位的任务和责任,使管理制度化落实到人。

项目在地下室设有 27m^2 的生活垃圾集中收集站,分类收集生活垃圾,办公区各功能区域设有分类垃圾收集箱(桶)。

（五）深圳建筑科学研究院办公楼

1. 项目基本情况

（1）设计理念

深圳建筑科学研究院科研办公建筑（图6-19），是以探索和实现低成本和软技术为核心的绿色建筑，也是以实现建筑全生命周期内最大限度地利用资源、保护环境和减少污染为目标的示范性绿色建筑。资料显示，深圳市建筑科学研究院（IBR）开拓性地提出了"平衡、时空、系统"的绿色技术哲学观、"本土、低耗、精细化"的绿色技术指导原则和"政策、市场、技术联动"的绿色技术体系，并结合平等的生命观形成"共享设计"理念。该理念体现在建筑设计过程是个共享参与权的过程，权利和资源的共享在设计的全过程中充分体现出来；同时，建筑本身是一个共享平台，其为实现建筑本身为人与人、人与自然、物质与精神共享提供了一个有效的、经济的平台。

图6-19　深圳建筑科学研究院科研办公楼

该绿色建筑方案，将夏热冬暖地区的各项绿色、节能、可持续建筑技术进行了整理综合，运用到了实际项目中。它的建成有助于推动南方地区的绿色、节能建筑的普及，把低成本建设推广到一个新的层面。

（2）建筑基本信息

此处所介绍的科研办公大楼位于深圳市福田区北部梅林片区，占地面积为 $0.3 \times 10^4 m^2$，建筑面积为 $1.8 \times 10^4 m^2$，建筑高度为 59.6m，地上 12 层，地下 2 层，此建筑功能包括实验、研发、办公、学术交流、地下停车、休闲及生活辅助设施等。该建筑以 4 300 元 /m^2 的工程单方造价，达到了国家绿色建筑评价标准三星级和美国 LEED 金级的要求，取得了较为突出的社会效益。

2. 方案设计情况

（1）建筑所在地的气候特点

深圳位于北回归线以南，属亚热带海洋性气候区，气候温和，阳光充沛；夏季长达 6 个月，春秋冬三季气候较温暖；年平均气温 24℃，最高气温 36.6℃，最低气温 1.4℃，年日照时数 2 120h，年均降雨量 1 948mm，年平均风速为 2.7m/s，年主导风向为东南风。

（2）建筑方案设计

在平面布局上，该方案采用了"吕"字形布局，有一定的东西错位；功能空间处理上，采用的是立体叠加的方式，各功能块根据性质、空间需求和流线组织，分别安排在不同的竖向空间体块中；在与城市关系上，该大楼将首层架空 6m，形成开放的城市共享空间，充分体现了大楼的人性化设计理念；在交通联系上，由垂直交通核与水平开放的绿化平台相通，做到垂直交通与水平交通相联系；在室内外开放空间的处理上，空中的第六层和屋顶层设置整层的绿化花园，将室外开放空间水平渗入纵向办公楼。

据深圳建科院资料显示，该大楼从设计到建设采用了一系列适宜技术共 40 多项，其中被动、低成本和管理技术占 68% 左右，每一项技术并非机械地对应于绿色建筑的某单项指标，而是在节能、节地、节水、节材诸环节进行整体考虑，并满足人们舒适健康需求的综合性措施,是在机理上响应绿色建筑的总体诉求,真正体现了节能的综合设计的概念。

3. 建筑节能综合设计策略

本项目是在适应地区气候环境的基础上采用了建筑节能、自然通风、可再生能源利用等技术而形成的节能生态建筑。但上述措施的采用并非满足绿色建筑的单项指标,而是在建筑中集成研究、应用和优化设计,因此,深圳建科院办公楼是一座充分整合和实现地域特色的绿色建筑。它为人们提供了舒适、健康、高效的使用空间,体现了以人为本、人与自然和谐共生的理念。

(1)场地的高效利用策略

该项目是典型的高密度城市建设开发模式,其用地面积为 3 000m²,容积率达到 4。为了改善目前城市高密度建设带来的人为压抑感,该大楼采用架空层、空中花园、屋顶花园等形成立体绿化庭院,将水平绿化与高层建筑垂直使用空间良好结合,解决了高层建筑上部空间无法接触和感受自然的困境。设计将首层架空 6m,形成开放的城市共享空间,并以绿化功能作为占用土地的补偿,其结果是进行了相当于用地面积两倍的绿化,同时增加了人与自然的接触机会。设计将空中第六层和屋顶层设置为整层的绿化花园,标准层的垂直交通核也与开放的绿化平台相联系,共同形成超过用地面积一倍的室外开放绿化空间。架空层的设置,实际上还解决了一层对外空间和楼层办公区域功能转换的问题,上部的管道还利用架空空间得以转换。除了垂直方向绿化处理外,在大楼的西面,由爬藤植物组成的绿叶幕墙以及水平方向的花池,成为建筑西面的热缓冲层。上述措施的采用将整个大楼组成了一个立体的绿化系统,有效地缓解了区域热岛效应。

(2)围护结构设计

该设计对多种可能的窗墙比组合进行计算模拟分析,结合前面提到的竖向功能分区,来确定外围护构造选型。一至五层的外围护结构采用 ASLOC 水泥纤维板和装饰一体化的内保温结构。七至十二层围护结构采用加气混凝土砌块,外贴 LBG 金属饰面保温板(外墙外保温与装饰铝板的结合体,LBG 板能有效解决高层建筑外墙外保温系统容易脱落、开裂等问题)。该外墙外保温做法,选用氟碳喷涂铝板和挤塑聚苯板作为保温层。墙体采用浅色饰面,外墙平均传热系数 $K=0.54W/m^2 \cdot$ ℃,热惰性指标 D=2.57。在人员密集的办公区域采用的是能充分利用自然光的水平窗设计,结合利用了外置遮阳反光板和隔热构造窗间 LBG 铝板幕墙,在窗墙比、自然采光、隔热防晒之间找到最佳平衡点。而在人员较少或对人工照明依赖度较高的低层部分,则设计了不同规格的条形深凹窗,自由灵活地适应不同的开窗面积需求。外窗玻璃部分采用传热系数 $K \leq 2.6$,遮阳系数 $SC \leq 0.40$ 的中空 Low—E 玻璃铝合金窗,西南立面部分采用透光比为 20% 的光电幕墙,同时东立面、北立面和南立面均设计遮阳反光板等外遮阳措施,有效地增大了室内采光面。该建筑的屋顶采用 30mm 厚 XPS 倒置式隔热构造,同时南北主要区域采用种植屋面。

（3）自然通风设计

本项目所在地年平均风速为 2.7m/s,夏季主导风向为东南偏南风,冬季主导风向为东北偏北风,自然通风条件优越,对于建筑节能的贡献很大。受山地和周围建筑的影响,分别在建筑迎、背风面形成了"最高压力区""次低压力区""次高压力区"和"最低压力区",并且"最高压力区"与"次低压力区","次高压力区"与"最低压力区"二二对应,为室内自然通风创造了良好条件。据有关资料显示,该设计主要采用了以下自然通风技术:

①根据立面风压分布条件来优化设计各个立面的外窗形式,并且保证外窗可开启面积在 30% 以上。

②"吕"字形的平面布局,为室内自然通风创造了良好的先决条件,使建筑不同高度处的背风面和迎风面间均能保持 3Pa 以上的压差。

③建筑采用的是大空间设计和多通风面设计,例如可开启的外墙、可通风楼梯间等。

4. 照明设计

根据各个房间或室内布局设计、自然采光设计和使用特性，设计者进行了节能灯具类型、灯具排列方式和控制方式的选择和设计。由于方案采用"吕"字形平面布局，使建筑进深控制在合适的尺度，提高室内可利用自然采光区域比例。为了打破传统的完全依赖人工照明和通风的设计方式，最大限度地利用自然照明和通风，项目报告厅两侧的外墙被设计成可转动的墙体。根据内部使用的需求和外部气候特征来选择开关，打开时自然光线和通风被引入大厅内。通过在外窗的合适位置设置具有遮光和反光双重作用的遮阳反光板，适度降低临窗过高照度的同时，将多余的日光通过反光板和浅色顶棚反射向纵深区域，为办公室奠定了自然通风与自然采光的基础，基本能满足晴天及阴天条件下的办公照明需求。

5. 空调系统设计

设计者根据房间的使用功能和使用要求的差异，并未采取统一的空调分区和空调形式，而是进行了空调分区的划分和不同空调形式的甄别选用，从而保证空调系统的节能效果。这里不赘述，仅以空间形式和使用要求划分，分别说明。

（1）使用时间无规律的空间。鉴于地下一层材料力学实验室使用时间的无规律特点，单独设立一套水源热泵空调系统，冷却水就近采用水景池内的水，即主要办公区域采用"水环空调＋冷却塔＋风机盘管"，管路系统简单，运行可靠，在使用时间上也可以灵活运行。

（2）小开间办公空间。例如九层南区院部和十一层南区，为小开间空间，考虑到平时正常时间使用空调外，某些房间还会在节假日不定期使用，空调系统形式采用高效风冷变频多联空调系统＋全热新风系统。变频多联空调室外机置于屋面，新风系统采用全热交换器进行热回收。

（3）小开间使用率较低的空间。例如，四层检测实验室多为小开间实验室。实验室在室人员较少，对新风量要求较低，因此采用常规水环式冷水机组＋风机盘管＋独立新风的空调系统形式。

（4）间歇使用空间，如活动室、餐厅等。在十一层北区、十二层等区域为大空间活动室和餐厅，间歇使用，采用常规冷水机组＋一次回风空调系统。

（5）报告厅空间。如五层报告厅为人员较密集、位置固定的大空间，采用"水环式冷水机组十二次回风空调箱＋座椅送风"的置换通风空调系统形式。

6. 材料的循环利用

该大楼在选材方面优先采用本地材料和 3R 材料，同时采取一定的措施将废旧材料对环境的污染影响减小至最低。该项目在设计上无装饰性构件，全部采用预拌混凝土，可再循环材料使用重量占所有建筑材料总重量的比例约 10.15％。所有材料均以满足功能需要为目的，以充分发挥各种材料自身的装饰性能和功能效果，将不必要的装饰性材料消耗减到最低。

其主要措施有：主体结构采用高强钢筋和高性能混凝土技术，每层均设有废旧物品分类回收空间，鼓励办公用品的循环使用；办公家具、桌椅均采用符合可循环材料标准的产品等。减少装修材料的使用，局部采用土建装修一体化设计。办公空间取消传统的吊顶设计，采用暴露式顶部处理，地面采用磨光水泥地面，设备管线水平、垂直布置均暴露安装，减少围护用材，同时方便更换检修，避免二次破坏的材料浪费。采用整体卫生间设计，利用产业化生产标准部件，提高制造环节的材料利用效率，节约用材。

7. 清洁能源的利用

（1）太阳能能源

该建筑设置单晶、多晶硅光伏电池板及 HIT 光伏组件与屋面活动平台遮阳构架相结合；建筑西立面采用了透光型薄膜光伏组件与遮阳防晒相结合。此外,还将光伏发电板与遮阳构件相结合(光伏遮阳棚结合的多晶硅光伏组件),充分结合遮挡,最大限度地利用太阳能。太阳能光伏系统总安装功率为80.14kW,年发电量约73 766kWh。大楼屋顶花架安装单晶硅光伏电池板,西立面和南立面采用光伏幕墙系统,光伏发电量约为建筑用电总量的5%—7%。

（2）风能能源

设计者在建筑的屋架顶部安装了五架1kW微风启动风力发电风机,并对其进行监测,为未来城市地区微风环境风能利用前景进行研究和数据积累。全空气系统的新风入口及其通路均按全新风配置,通过调节系统的新、回风阀开启度,可实现过渡季节按全新风运行,空调季节按最小新风比运行。新风比的调节范围在30%—100%。

第七章 既有建筑的绿色改造标准

2015 年 12 月 3 日,住房和城乡建设部、国家质量监督检验检疫总局联合发布了国家标准《既有建筑绿色改造评价标准》GB/T 51141-2015(以下简称《标准》),于 2016 年 8 月 1 日正式实施,结束了我国既有建筑改造领域缺乏有针对性的绿色评价指导的局面。本篇阐述了《标准》的编制背景、任务来源、国内外相关标准调研、内容框架、主要重点技术问题及展望。希望读者通过本篇内容,可以全面了解《标准》编制情况,理解《标准》的定位、适用范围、重点和难点等,更好地利用《标准》指导既有建筑绿色改造评价。

第一节 改造标准编制的背景与概况

一、编制背景

截至 2015 年,我国既有建筑面积接近 600 亿 m^2,其中绿色建筑面积仅有 4.6 亿 m^2(包括绿色建筑设计标识和绿色建筑运行标识项目,数据截至 2015 年底)。绝大部分的非绿色"存量"建筑,都存在资源消耗水平偏高、环境影响偏大、工作生活环境亟须改善、使用功能有待提升等方面的问题。庞大的既有建筑总量加之存在的诸多缺陷,成为建筑领域节能工作,甚至是社会可持续发展的重大难题。对尚可利用的建筑拆除重建,不仅会造成生态环境二次破坏,也是对能源、资源的极大浪费,对其进行改造再利用是解决这些问题的最好途径之一。推进既有建筑绿色改造，可以节约能源资源，提高建筑的安全性、舒适性和环境友好性，对转变城乡建设发展模式，破解能源资源瓶颈约束，具有重要的意义和作用。

　　近年来，我国既有建筑改造工作已全面展开，多集中在结构安全及节能改造等方面。既有建筑绿色改造项目还不多，缺乏绿色改造的技术支撑和标准指导。"十一五"期间，一批既有建筑综合改造方面的科技项目顺利实施，积累了科研和工程实践经验。"十二五"期间，科技部组织实施了国家科技支撑计划项目"既有建筑绿色化改造关键技术研究与示范"，针对不同类型、不同气候区的既有建筑绿色改造开展研究。根据住房和城乡建设部《2013年工程建设标准规范制订修订计划》（建标〔2013〕6号），《既有建筑改造绿色评价标准》（现更名为《既有建筑绿色改造评价标准，以下简称《标准》）列入国家标准制订计划，并受国家科技支撑计划课题"既有建筑绿色化改造综合检测评定技术与推广机制"（2012BAJ06B01）资助。

　　《标准》主编单位为中国建筑科学研究院、住房和城乡建设部科技发展促进中心，参编单位为哈尔滨工业大学、上海市建筑科学研究院（集团）有限公司、中国建筑技术集团有限公司、华东建筑设计研究院有限公司、深圳市建筑科学研究院股份有限公司、沈阳建筑大学、上海维固工程实业有限公司、北京建筑技术发展有限责任公司、温州设计集团有限公司、中国城市科学研究会绿色建筑研究中心、北京中竟同创能源环境技术股份有限公司、方兴地产（中国）有限公司、哈尔滨圣明节能技术有限公司。

二、编制概况

（一）文献调研

1. 国外相关标准

（1）《建筑研究院环境评价标准》（Building Research Establishment

Environmental Assessment Method，BREEAM）。BREEAM 是由英国建筑研究院（Building Research Establishment，BRE）于 1990 年发布的世界上首个绿色建筑评价体系。BREEAM 的改造版本是为了配合"绿色方案"等国家政策而开发的。针对既有建筑的评价体系包括 BREEAM 非住宅建筑改造和 BREEAM 住宅建筑改造（BREEAM Domestic Refurbishment）。在适用范围上，BREEAM Domestic Refurbishment 将评价对象分为既有住宅的改扩建、既有建筑改为住宅 2 类，且将不多于 5 栋住宅、总价值低于 10 万英镑的定为小型项目，其余为大型项目；BREEAM Non Domestic Refurbishment and Fit-out 则较有特色，在适用建筑类型上与非住宅建筑新建版本基本一致，覆盖了办公、工业、商店、教育、医疗、监狱、法庭、宿舍、酒店、图书博览、集会休闲、其他等及其复合功能，但进一步根据改造工程特点选择不同的评价条文（包括主体与围护结构、关键设备、末端设备、室内空间设计等 4 类）。BREEAM 改造版本与其他版本一致，均采用评分确定等级的评价方法。如分数达到 30 分、45 分、55 分、70 分、85 分，则分别定为通过级、良好级、优秀级、优异级、杰出级。

（2）《绿色能源与环境设计先锋奖》（Leadership in Energy and Environmental Design LEED）。LEED 由美国绿色建筑委员会开发，是一个基于分数的绿色建筑评估体系。具体分数要求是：认证级 40—49 分；银级 50—59 分；金级 60—79 分；铂金级 80 分及以上。

评价条款按照其评价指标大类分章，分别是区位与交通、可持续场地、节水、能源与大气、材料与资源、室内环境质量、创新、因地制宜。评价条款也可按其评分类型分为控制项、评分项、创新和区域优势等 3 类。目前，LEED 评价体系已经更新到 4 版本，可以评价 21 类建筑。其中，建筑物设计建造版本可以用于评价既有建筑较大规模的改造，包括主体与围护结构、校园、商店、数据机房、仓储物流中心、旅游饭店、医疗建筑等 8 类；既有建筑运行维护可评价既有建筑小规模改造和运行维护，包括校园、商店、数据中心、旅游饭店、医疗建筑等 6 类。

（3）《建筑物综合环境性能评价体系》（Comprehensive Assessment System for Building Environment Efficiency，CASBEE）。2001 年，在日本国土交通省住宅局的支持下，由政府、企业、科研三方面联合成立了"建筑物综合环境性能评价委员会"，启动了《建筑物综合环境性能评价体系》的开发，日本建筑环境与节能研究院负责统一管理 CASBEE 评估认证体系和评审员登记制度的实施。

为了降低温室效应，既有建筑的节能减排成了日本政府工作的重要方向，由此编制了"CASBEE-既有"和"CASBEE-改造"两类评价工具。"CASBEE-既有"用于评价既有建筑实际运行的绿色性能；"CASBEE-改造"用于评价改造部分。对于改造前和非改造对象部分的评价需要使用"CASBEE-既有"进行评价。在实际操作过程中，"CASBEE-既有"和"CASBEE-改造"容易发生冲突，应用效果不佳。为此，开发了"CASBEE-改造（简易版）"。"CASBEE-改造（简易版）"兼具两类评价工具的功能，使用更加方便。

（4）《可持续建筑认证标准》（Deutsche Gesellschaft fir Nachaliges Bauen，DGNB）。德国 DGNB 可持续评估认证体系是德国可持续建筑委员会和德国政府合作研制推出的可持续建筑评估认证标准，第一个版本发布于 2008 年，针对不同建筑类型和功能已经开发出了不同的评价标准体系。

2010 年德国政府推出 BNB 可持续建筑评价标准（Bewertungs System Nachaltiges Bauen）。DGNB 与 BNB 的理论与评估体系几乎完全一致，只是应用范围对象不同。DGNB 与 BNB 分别用于指导非政府和政府项目。DGNB/BNB 以评估建筑性能为核心，根据建筑不同使用功能，设有不同的评估类型。对不同类型建筑的评估，评估体系相同，但在条款细部和权重设置上有所不同。德国 DGNB/BNB 包含六大类评价指标，分别是生态质量、经济质量、社会质量、过程质量、技术质量和场地质量。在大类评价指标下面设有二级指标体系,对每一条指标都给出明确的测量方法和目标值。

根据评估公式计算出质量认证要求的建筑达标度,评估达标度分为铂金级、金级、银级。达标度在 50%—64.9% 为银级;65%—79.9% 为金级;80% 以上为铂金级。DGNB 认证分为两大步骤,分别为设计阶段的预认证和施工完成之后的正式认证。

(5)《绿色之星》(Green Star)。Green Star 是由澳大利亚绿色建筑委员会开发并实施的绿色建筑评估体系,该评估体系对建筑项目的现场选址、设计、施工建造和维护对环境造成的影响后果进行评估。评估涉及九个方面的指标:管理、室内环境质量、能源、交通、水、材料、土地使用与生态排放和创新。每一项指标由分值表示其达到的绿色星级目标的水平。采用环境加权系数计算总分。全澳大利亚各地区加权系数有变化,反映出各地区各不相同的环境关注点。

Green Star 的评估方法类似于美国 LEED 和英国 BREEAM。根据得分不同,Green Star 目前分为 4 星、5 星、6 星三个级别,其三个星级的表现水准分别接近 LEED 标准的银级、金级和铂金级。后来,澳大利亚绿建委在之前评价单类型建筑的基础上制定了适用不同类型的标准,到 2015 年 12 月份,Green Star 单类型建筑评价标准停止使用。新版 Green Star 标准评价体系能够评价不同类型的建筑、装修和社区的设计和建造。新版 Green Star 标准评价体系包括"Green Star- 社区""Green Star- 设计和建造""Green Star- 内部装修"和"Green Star- 运行与维护"四个标准。

在新版的 Green Star 标准评价体系没有为既有建筑绿色改造制定专门的评价标准,其中"Green Sar- 运行与维护"用于评价既有建筑的运行和维护的环境性能,与既有建筑直接相关。

(6)《澳大利亚全国建筑环境评价体系》(National Australian Built Environment Rating System, NABERS)。NABERS 最初是由澳大利亚环境与遗产部开发出来的一种评价体系,并由 NABERS

全国指导委员会监督其执行,为澳大利亚唯一针对建筑运营阶段进行评价的绿色建筑国家评价标准。澳大利亚 2010 年 11 月 1 日实施的商业建筑详细资料公开方案要求,在买卖或租赁大型办公建筑(面积在 $200m^2$ 及以上)时,卖方或出租人必须出具建筑的"NABERS 能源利用"的认证。NABERS 通过过去 12 个月的运行数据和用户调查问卷,评价办公建筑、购物中心(总面积超过 15 000m^2)、宾馆、住宅、数据中心等实际运行效果,在未来还将开发出适用于医院、学校、工业厂房等不同建筑类型的评价工具。

NABERS 包括四个评价标准,分别为"NABERS 能源利用""NABERS 水利用""NABERS 垃圾处理"和"NABERS 室内环境"。NABERS 的四个评价标准是独立的,可以对建筑的单项性能进行评价,如只作节能评价,这样可以避免一个建筑因为某些方面的出色表现掩盖较差的性能而最终获得绿色建筑称号。

NABERS 单项评价的另一优点是逐步完成节能、节水、垃圾处理、室内环境质量等四方面的 NABERS 的认证,避免一次性参评而带来的巨大增量成本。NABERS 采用星级打分制度,最初范围为 0—5 星。近年来,建筑在节能和节水性能方面提升较快,已经高于当年制定的 5 星级水准,某些建筑的节能和节水性能非常优越可获得 6 星标识,垃圾处理和室内环境质量的最高水平仍是 5 星。

(7)《绿色标志》(Green Mark)。Green Mark 是新加坡建设局制定和管理的绿色建筑认证体系,于 2005 年 1 月推出。该体系通过对建筑在节能、节水、环境保护建设、室内环境质量和创新项等五个一级指标的性能进行打分,评估建筑的绿色性能。根据得分情况设 4 个等级:认证级、金奖、超金奖和白金奖。Green Mark 在过去 8 年也逐渐发展成为一个覆盖新建和既有建筑、园区和基础设施、装修和专项工程的综合评价体系,目前已有 15 个不同版。"Green Mark 既有非住宅"适用于评价既有办公建筑、商业建筑、工业建筑以及科研机构建筑对环境的影响;"Green Mark 既有住宅"适用于评价既有住宅建筑的环境影响。

综上所述,英国、日本等国均针对既有建筑改造开发了专门的绿色建筑评价体系。在世界范围内,既有建筑的碳排放、使用功能、安全性等问题越来越得到人们的重视。新建建筑不可能无止境地增长,既有建筑绿色改造是未来绿色建筑的重点方向之一。同时,绿色建筑评价体系是一个不断完善的过程。BREEAM、LEED、CASBEE 等均是先开发出了适用于新建建筑的绿色建筑评价工具,然后在其基础之上开发适用于既有建筑的绿色建筑评价工具,逐步形成建筑全生命期的绿色建筑评价体系,绿色建筑由新建向既有推进。

2. 国内相关标准

目前,我国绿色建筑已经进入快速发展时期,国家标准《绿色建筑评价标准》GB/T50378-2006自发布实施以来,有效指导了我国绿色建筑实践工作。截至 2015 年底,我国累计评价绿色建筑项目 3979 个,总建筑面积超过 4.6 亿 m^2,其中既有建筑改造后获得绿色建筑标识所占的比例不足 1%。根据国家标准《绿色建筑评价标准》GB/T 50378,我国大多数省市制定了地方绿色建筑评价标准。这些标准主要针对新建建筑,对既有建筑的适用性不强,不能有效指导既有建筑绿色改造工作。既有建筑很难通过改造获得绿色建筑标识,不利于既有建筑绿色改造的发展。此外,国家标准《公共建筑节能设计标准》GB 50189、《民用建筑可靠性鉴定标准》GB 50292、《建筑抗震鉴定标准》GB 50023、《声环境质量标准》GB 3096、《民用建筑隔声设计规范》GB 50118、《建筑照明设计标准》GB 50034、《民用建筑室内热湿环境评价标准》GB/T 50785、《民用建筑供暖通风与空气调节设计规范》GB 50736 等,行业标准《既有居住建筑节能改造技术规程》JGJ/T129、《公共建筑节能改造技术规范》JGJ176、《城市夜景照明设计规范》JGJ/T163 等对既有建筑改造也有一定的指导意义,但是这些标准仅是对建筑与规划、结构、空调系统等某一方面性能进行了约束,不能全面引导我国既有建筑绿色改造工作。

（二）编制过程

1.编制组成立暨第一次工作会

在前期调研工作的基础上,标准编制组于 2013 年 6 月召开了成立暨第一次工作会,标准编制工作正式启动。会议讨论并确定了《标准》的定位、适用范围、编制重点和难点、编制框架、任务分工、进度计划等。

2.征求意见稿

2013 年 8—12 月,《标准》编制组召开了第二、三、四次工作会议。在此期间,编制组邀请英国建筑科学研究院（BRE）的BREEAM 主管 Martin Townsend 先生,交流了英国既有建筑改造绿色评价标准的编制工作及相关情况,确定了合理的条文数量,适当加大能体现既有建筑绿色改造特点条文的分值。

对《标准》稿件进行了第一次项目试评,根据试评结果和修改意见形成了《标准》征求意见稿,并于 2014 年 1 月 24 日起通过网站向全国建筑设计、施工、科研、检测、高校等相关的单位和专家发出了征求意见函,共收到来自 38 家单位 56 位不同专业专家的 349 条意见。编制组对返回的意见逐条进行审议,据此对征求意见稿进行修改。

3.送审稿

2014 年 4—11 月,《标准》编制组召开了第五、六、七、八次工作会议,期间开展了第二、三、四次项目试评。根据征求意见和试评结果,及时发现问题,不断优化标准条文和技术指标。主要修改内容如下:确定了标准中公共建筑和居住建筑绿色改造评价的一级指标权重;明确标准各条文的适用范围;删除适用范围很窄的条文;明确《标准》条文适用的建筑类型（公共建筑、居住建筑）、评价阶段（设计阶段、运行阶段）、评分方式（参评、不参评、直接得分）；取消一级指标得分应不低于 40 分的规定；条文分值按照既有建筑改造技术对"绿色"的贡献大小赋分，而非改造技术的难易程度和成本；在条文说明中明确计算方法，并给出简单计算示例。最终，形成《标准》送审稿。

4. 审查会

2014 年 11 月 18 日，《标准》审查会在北京召开。会议由住房和城乡建设部建筑环境与节能标准化技术委员会主持，住房和城乡建设部建筑节能与科技司、标准定额研究所等有关领导出席了会议，并对《标准》的审查工作提出了具体要求。会议成立了以吴德绳教授级高工为主任委员、王有为研究员为副主任委员的审查专家委员会。编制组成员参加了会议。

审查委员会听取了《标准》编制工作报告，对《标准》各章内容进行了逐条讨论和审查。经充分讨论，形成审查意见如下：

（1）《标准》编制过程符合工程建设标准的编制程序要求，内容与相关标准规范相协调，送审资料齐全、内容完整，符合审查要求。

（2）《标准》编制组结合我国既有建筑绿色改造的实践经验和研究成果，借鉴了有关国外先进标准，开展了多项专题研究和试评，广泛征求了各方面的意见。

（3）《标准》评价指标体系充分考虑了我国国情和既有建筑绿色改造特点，具有创新性。《标准》的实施将对促进我国既有建筑绿色改造、规范绿色改造评价起到重要作用。

（4）《标准》技术指标科学合理，针对既有建筑的改造特点，符合建筑全生命期总体合理的原则，创新性、可操作性和适用性强，标准编制总体上达到国际先进水平。

此外，审查委员会对《标准》提出了以下修改意见和建议。

（1）建议将《标准》名称改为《既有建筑绿色改造评价标准》。

（2）《标准》的适用范围应在第 1.0.2 条的条文说明中进一步明确。最后，审查委员一致同意通过《标准》审查。

5. 报批稿

审查会后,编制组召开第九次工作会议,逐条研究了标准审查专家提出的意见,对《标准》送审稿进行修改,最终形成《标准》报批稿,于 2015 年 3 月上报住房和城乡建设部。

6. 项目试评

在《标准》编制期间,编制组委托中国城市科学研究会绿色建筑研究中心、华东建筑设计研究院有限公司技术中心、中国建筑科学研究院上海分院、上海市建筑科学研究院(集团)有限公司、上海维固工程实业有限公司、中国建筑科学研究院科技发展研究院、北京建筑技术发展有限责任公司等 7 家单位依据《标准》不同阶段稿件对 20 个既有建筑改造项目开展了 4 次试评工作。所选试评项目兼顾不同气候区、不同建筑类型和不同系统形式,力求使每个标准条文都参与试评。

通过项目试评,编制组合理确定了各星级绿色建筑得分要求和各类评价指标权重,及时发现条文在适用范围(包括建筑类型、评价阶段等)、评价方法、技术要求难度等方面存在的问题,对增强标准的操作性和适用性,及技术指标的科学合理性和因地制宜性都起到了重要作用。

7. 其他工作

除了编制工作会议外,主编单位还组织召开了多次小型会议,针对标准中的专项问题进行研讨。另外,还通过信函、电子邮件、传真、电话等方式向相关专家咨询既有建筑绿色改造中的相关问题,力求使标准更加科学、合理。

(三)发布实施

《标准》上报后,历经住房和城乡建设部建筑环境与节能标准化技术委员会、标准定额研究所、标准定额司的审查和完善,2015

年12月3日,住房和城乡建设部发布第997号公告,批准《标准》为国家标准,编号为 GB/T 51141-2015,自 2016 年 8 月 1 日起实施。

第二节 既有建筑绿色改造的重点内容

一、既有建筑绿色改造的内容框架

《标准》统筹考虑既有建筑绿色改造的技术先进性和地域适用性,构建区别于新建建筑的、体现既有建筑绿色改造特点的评价指标体系,以提高既有建筑绿色改造效果。本标准的主要技术内容为既有建筑绿色改造的评价指标体系、一级指标权重、二级指标分值以及综合评分方法。

《标准》的目录框架如下:

1 总则

2 术语

3 基本规定

3.1 基本要求

3.2 评价与等级划分

4 规划与建筑

4.1 控制项

4.2 评分项

5 结构与材料

5.1 控制项

5.2 评分项

6 暖通空调

6.1 控制项

6.2 评分项

二、既有绿色建筑改造的重点技术问题

根据前期调研、标准编制及试评情况,编制组总结了需要重点考虑和解决的技术问题,并给出了相应的解决方法。

（一）评价指标体系

构建区别于新建建筑的既有建筑绿色改造评价指标体系。《标准》按专业设置章节和大类评价指标,这样设置有两点好处:一是目前的工程建设标准主要按专业设置,便于标准与相关专业标准的统筹协调;二是避免改造项目按"四节一环保"评价可能有缺项(如节地部分的内容),造成既有建筑绿色改造评价工作较难开展。

（二）评价定级方法

与国家标准《绿色建筑评价标准》GB/T 50378-2014 保持一致，采用引入权重，计算加权得分的评价方法。在改造建筑满足所有控制项要求的前提下，对于一、二、三星级改造建筑总得分要求分别为 50 分、60 分、80 分。与《绿色建筑评价标准》GB/T 50378-2014 不同的是，《标准》不要求每类指标的最低得分，这是因为既有建筑可能不对所有专业进行改造。

（三）适用建筑类型

适用于改造后为民用建筑（居住建筑和公共建筑）的绿色性能评价，包括以下几种情况：

（1）改造前后均为民用建筑，且改造前后使用功能不发生变化。

（2）改造前后均为民用建筑，但改造后使用功能发生变化。

（3）改造前为非民用建筑，改造后为民用建筑，使用功能发生变化。

BREEAM、CASBEE 等国外绿色建筑评价体系也是采用这种方法，一本评价标准涵盖了多种建筑类型，《标准》的试评结果也验证了《标准》的适用性。

（四）改造效果评价

对于各专业改造前后效果评价方法问题。本《标准》包括两种改造效果评价方法：一是在满足现行标准规范最低要求的情况下，改造前与改造后的性能对比，提高得越多得分越多；二是直接评价改造后的指标性能，根据指标所达到现行标准规范的不同要求给予不同的得分。

（五）结构改造

对于部分改造的既有建筑,若既有建筑结构经鉴定满足相应鉴定标准要求,且不进行结构改造时,在满足本标准第 5 章控制项的基础上,其评分项直接得 70 分。其他指标不论是否参与改造,均应按《标准》的规定参与评分。

（六）加分项设置

在 7 大类指标之外,增设加分项一章,加分项分为性能提高与创新两个方面,以鼓励新技术、新材料和新产品的应用和绿色性能的提升。加分项包括规定性方向和可选方向两类,前者有具体指标要求,侧重于"提高";后者则没有具体指标,侧重于"创新"。加分项未设置权重,最高可得 10 分,实际得分累加在总得分中。

（七）评价阶段问题

《标准》按照设计阶段评价和运行阶段评价两个阶段考虑。设计评价是在既有建筑改造设计阶段进行的,目的是引导人们从一开始就采取合理的指施提升既有建筑改造的综合性能,其对象是图纸和方案。运行评价是在既有建筑改造完成并投入使用满一年(12 个自然月)后进行,是对最终改造结果的评价,目的是检验既有建筑绿色改造并投入实际使用后是否真正达到了预期的效果,评价对象是改造后的建筑整体。

（八）施工管理问题

改造施工与新建建筑施工有区别,包括工艺、工法、材料、装备以及现场保护措施等。另外从建筑全生命期的角度考虑,施工阶段也是其中一个很重要的环节,故《标准》专门设置了"施工管理"一章。

(九)《标准》的其他考虑

（1）条文设置尽可能适用于不同气候区、不同建筑类型以及不同改造方式的评价。防止条文仅可用于某一种情况的评价。最大限度地减少不参评项。

（2）既有建筑改造绿色评价以进行改造的既有建筑单体或建筑群作为评价对象。评价对象中的扩建面积不应大于改造后建筑总面积的50%，否则本《标准》不适用。

（3）条文和分数应按照改造技术对绿色性能的贡献来设置，而不是按照改造技术实施的难易程度和费用高低来设置。

（4）若条文涉及图纸或计算书等内容，应在条文说明中明确所需图纸、计算书等评价依据；既有建筑改造会发生缺少相关图纸或计算书的情况，在条文说明中明确此类情况的评价依据。

（5）对于需要量化考核的指标，在相关条文正文或条文说明中给出明确的计算方法；若计算方法的文字或公式表述复杂，条文说明给出了参考算例。

（6）合理平衡条文的分数，抓住绿色改造的主要技术和对绿色性能贡献较大的技术措施，避免出现分数过低或对绿色性能贡献太小的条文。

第三节　既有建筑绿色改造的基本规定

一、一般规定

（1）既有建筑绿色改造评价应以进行改造的建筑单体或建筑群作为评价对象。评价对象中的扩建建筑面积不应大于改造后建筑总面积的50%。

[条文释义]本条对评价对象作出规定。本标准评价对象为进行改造的既有建筑单体或建筑群，是对建筑整体进行评价，而

不是只评价既有建筑中所改造的区域或系统。对单栋建筑进行评价时,由于有些评价指标是针对该工程项目设定的(如住区的绿地率),或该工程项目中其他建筑也采用了相同的技术方案(如再生水利用),难以仅基于该单栋建筑进行评价。此时,应以该栋建筑所属工程项目的总体水平进行评价。建筑群是指由位置毗邻、功能相同或相近、权属相同、技术体系相同或相近的两个及以上单体建筑组成的群体。常见的建筑群有住宅建筑群、办公建筑群。当对改造的建筑群进行评价时,可先用本标准对各单体建筑进行评价,得到各单体建筑的总得分,再按各单体建筑的建筑面积进行加权计算得到建筑群的总得分,最后按建筑群的总得分确定建筑群的绿色建筑等级。

评价对象无论为单体建筑还是建筑群,计算系统性、整体性指标时,要基于该指标所覆盖的范围或区域进行总体评价,计算的区域边界应选取合理、口径一致。常见的系统性、整体性指标主要有人均居住用地、绿地率、人均公共绿地、场地雨水综合径流系数等。

此外,本标准适用于既有建筑绿色改造评价,强调在既有建筑的基础上采取合理技术措施,提高设备效率、提升系统性能、改善使用功能、降低环境影响等,本标准的条文也是基于此编制。如果改造过程中在既有建筑的基础上进行扩建,扩建后建筑的面积超过原建筑面积的 2 倍,则本标准不再适用。

(2)既有建筑绿色改造评价分为设计评价和运行评价。设计评价应在既有建筑绿色改造工程施工图设计文件审查通过后进行,运行评价应在既有建筑绿色改造通过竣工验收并投入使用一年后进行。

[条文释义]本条对评价阶段划分作出规定。《绿色建筑评价标识实施细则(试行修订)》(建科综〔2008〕61 号)明确将绿色建筑评价标识分为"绿色建筑设计评价标识"和"绿色建筑评价标识"。多年的工作实践,证明了这种分阶段评价的可行性,以及对于我国推广绿色建筑的积极作用。因此,结合既有建筑绿色

改造评价的实际需要,以及便于更好地与相关管理文件配合使用,本标准将既有建筑绿色改造的评价分为设计评价和运行评价。

二、评价方法与等级划分

(1)既有建筑绿色改造评价指标体系应由规划与建筑、结构与材料、暖通空调、给水排水、电气、施工管理、运营管理7类指标组成,每类指标均包括控制项和评分项。评价指标体系还设置了加分项。

[条文释义]本条规定了评价指标体系构成。与新建建筑不同,既有建筑改造是一个复杂的过程。新建建筑在各方面都是新建造的,在规划、设计、施工等阶段都能够按相关标准进行控制,国家标准《绿色建筑评价标准》GB/T 50378-2014可以综合相关各个专业按照建筑的性能设置评价指标,例如节能与能源利用用来评价建筑的综合能源利用,其涉及了建筑、暖通空调、照明与电气、能源等不同的专业。

既有建筑绿色改造评价如果也按照建筑各方面性能设置指标,其操作性将会非常有限。如总则1.0.2所述,本标准适用于既有建筑绿色改造评价,强调在既有建筑的基础上采取合理技术措施,所采取的技术措施往往是相对独立的,例如暖通空调系统改造、照明系统改造、水系统改造、结构加固等。故在本标准中,既有建筑绿色改造评价指标按照改造所涉及的主要专业设置,包括规划与建筑、结构与材料、暖通空调、给水排水、电气、施工管理和运营管理7类指标。

(2)设计评价时,不对施工管理和运营管理两类指标进行评价,但可预评相关条文,运行评价应对全部7类指标进行评价。

[条文释义]本条对不同评价阶段的评价内容作出规定。标准可以对设计阶段和运行阶段分别进行评价。设计评价在既有建筑改造设计阶段进行,目的是引导人们从一开始就采取合理的

措施提升既有建筑改造的综合性能,其对象是图纸和方案。因设计阶段还未涉及施工和运营,所以不对施工管理和运营管理两类指标进行评价。如果设计评价时对施工管理和运营管理两类指标进行预评价,将有助于实现这两类指标节约能源资源和保护环境的目的,并为申请运行评价作准备。运行评价在既有建筑改造完成并投入使用满一年(12个自然月)后进行,是对最终改造结果的评价,目的是检验既有建筑绿色改造并投入实际使用后是否真正达到了预期的效果,其评价对象是该建筑整体,应对全部7类指标进行评价。

第八章　既有建筑的绿色改造内容

根据我国既有建筑绿色改造工作的实际情况,以及既有建筑的改造特点,在坚持建筑全生命期总体合理的原则的基础上,应该实施创新性、操作性和适用性强的改造手段。本章就既有建筑的绿色改造内容展开分析。

第一节　规划与建筑

一、相关要求

(1)既有建筑所在场地应安全,不应有洪涝、滑坡、泥石流等自然灾害的威胁,不应有危险化学品、易燃易爆危险源的威胁,且不应有超标电磁辐射、污染土壤等危害。

洪涝是一种由洪水引发的自然灾害,指河流、湖泊、海洋所含的水体上涨,超过常规水位的水流现象;滑坡是指斜坡上的土体或者岩体,在重力作用下,沿着一定的软弱面或者软弱带,整体或者分散地顺坡向下滑动的自然现象;泥石流是指在山区或者其他沟谷深壑等地形险峻的地区,由暴雨、暴雪或其他自然灾害引发的山体滑坡并携带有大量泥沙、石块与水的混合物的特殊洪流。洪涝、滑坡、泥石流等自然灾害都会对建筑场地造成毁灭性破坏。

危险化学品、易燃易爆危险源主要是指有毒物质车间、煤气站、油库等可能发生毒气泄漏、火灾、爆炸等事故的危险源。

电磁辐射无色无味无形,可以穿透包括人体在内的多种物体。电磁辐射对人体有两种影响:一是电磁波的热效应,当人体吸收到一定量的时候就会出现高温生理反应,最后导致神经衰弱、白细胞减少等病变;二是电磁波的非热效应,当电磁波长时间作用于人体时,会出现如心率、血压等生理改变和失眠、健忘等生理反应,对孕妇及胎儿的影响较大,后果严重者可以导致胎儿畸形或者流产。制造电磁辐射污染的污染源很多,如电视广播发射塔、雷达站、通信发射台、变电站、高压电线等。

污染土壤是指土壤中含有对人体产生伤害的污染物。

进行改造的既有建筑场地与各类危险源的距离应满足相应危险源的安全防护距离等控制要求。对场地中的不利地段或潜在危险源应采取必要的防护、控制或治理等措施。对场地中存在的有毒有害物质应采取有效的防护与治理措施,进行无害化处理,确保达到相应的安全标准。

(2)既有建筑场地内不应有排放超标的污染源。

本条的目的是对场地内部排放的污染源采取相应的措施,使其不超过排放标准。本条中的污染源主要指:易产生噪声污染的建筑场所或设备设施,如运动场地、空调外机、发电机房、锅炉房等;易产生污染物超标的垃圾堆和垃圾转运站等。既有建筑场地应尽量避免或消除场地内不达标的污染源。这些标准包括但不限于《大气污染物综合排放标准》GB 16297、《锅炉大气污染物排放标准》GB 13271、《饮食业油烟排放标准》GB 18483、《社会生活环境噪声排放标准》GB 22337、《生活垃圾焚烧污染控制标准》GB 18485、《污水综合排放标准》GB 8978 等。

(3)建筑改造应满足国家现行有关日照标准的相关要求,且不应降低周边建筑的日照标准。

日照直接影响使用者的身心健康,本条的目的是提高建筑室内环境质量、改善人居环境。我国对居住建筑以及对日照要求较高的公共建筑(中小学、医院、疗养院等)都制定了相应的国家标准或行业标准,如现行国家标准《城市居住区规划设计规范》

GB 50180 中对居住建筑、旧区改建项目中新建住宅日照标准的规定；现行行业标准《疗养院建筑设计规范》JGJ 40 中对主要使用房间天然采光的规定；现行国家标准《老年人居住建筑设计标准》GB/T 50340 中对老年人居住用房设置的规定；现行行业标准《托儿所、幼儿园建筑设计规范》JGJ 39 中对生活活动用房布置的规定等。

　　既有建筑改造在满足相应的日照标准要求的同时，还应兼顾周边建筑的日照需求，减少对相邻建筑产生的遮挡。改造前周边建筑满足日照标准的，应保证建筑改造后周边建筑仍符合相关日照标准的要求；改造前，周边建筑未满足日照标准的，改造后不可降低其原有的日照水平。

二、具体实施

（一）场地设计

　　（1）保证场地在改造后交通流线顺畅合理，无障碍设施完善，使用安全方便。

　　场地内的交通组织及功能布局是场地设计的重要内容，场地功能分区合理、流线顺畅是保证土地高效利用的必要条件。流线设计不仅要能够满足场地内各类活动的交通需求，而且能与场地外部交通建立高效、便捷的交通联系，为场地内人流、车流提供良好的交通及疏散条件。鼓励按照人车分行的原则规划场地内交通流线，避免人车交叉。场地内人行通道及无障碍设施是满足场地功能需求的重要组成部分，是城市建设为使用者提供的必要条件，是保障各类人群方便、安全出行的基本设施。场地新增或原有的无障碍设施，应符合现行国家标准《无障碍设计规范》GB 50763 中关于无障碍设计的实施范围及有关规定，并保证场地内外人行无障碍设施的连通。

（2）保护建筑的周边生态环境与合理利用场地内的既有构筑物、构件和设施。

既有建筑的周边生态环境主要是指场地内原有的园林植被、水系湿地、道路和古树名木等。在改造时，应注重生态优先、保护利用的原则，减少对场地及周边生态环境的改变和破坏。如确实需要改造场地内水体、植被等时，应在工程结束后及时采取生态复原或补偿措施，利用生态系统的自我恢复能力，辅以人工措施，使遭到破坏的生态系统逐步恢复或使生态系统向良性循环方向发展。若场地内有可利用的构筑物、构件和其他设施，应根据其所具备的功能特点，经过适当修缮或维修后，进行改造再利用。

（3）解决既有建筑场地内的停车问题，以方便使用。

本条鼓励使用自行车等绿色环保的交通工具，绿色出行。自行车停车场所可根据不同的建筑类型、建筑规模、使用特点、使用人数、用地位置、交通状况等综合考虑设置，在设置时应符合我国现行相关标准以及当地有关规定。目前我国大中城市机动车数量迅猛增加，停车问题十分突出，尤其一些大型公共建筑的停车场地紧缺问题亟待解决。关于停车数量和位置的要求，因每个城市和地区的情况不同，设计时应根据该城市或地区已有的地方法规或统一规划执行。机动车停车设施可采用多种方式，为节约用地，应充分利用地下空间，建设地下停车场以满足日益增长的机动车停车需求。

在场地条件许可且不影响场地内既有建筑的情况下，可增建立体停车库，采用机械式立体车库、智能立体车库等，高效利用场地用地，以缓解土地资源紧缺的问题，体现绿色建筑集约用地的理念。

地面停车应按照国家和地方有关标准的规定设置，合理组织交通流线，根据使用者性质及车辆种类合理分区，不挤占人行道路及公共活动区域。同时应科学管理并导引进出车辆，方便人们快速、便捷地到达目的地，有效提升场地使用效率。

机动车和自行车停车场所还应符合现行国家标准《汽车库、修车库、停车场设计防火规范》GB 50076、现行行业标准《汽车库建筑设计规范》JGJ 100 等有关规定,停车位数量设置应符合国家或地方的有关规范和规定。机动车停车场内应按照现行国家标准《道路交通标志和标线》GB 5768 的要求设置交通标志,同时应考虑无障碍停车的车位设计,并满足国家标准《无障碍设计规范》GB 50763 中关于无障碍机动车停车位的相关规定。

(4)在既有建筑改造时对场地的绿化用地进行合理设置,改善环境。

绿化具有防尘、降噪等作用,是城市环境建设的重要内容之一。合理的绿化措施不仅能够改善城市的自然环境、调节城市微气候,而且在美化城市景观、提高生活质量等方面起到重要作用。

绿地率指建设项目用地范围内各类绿地面积的总和占该项目总用地面积的比率(%),用以量化居住区的绿化状况,是衡量居住区环境质量的重要标志。根据现行国家标准《城市居住区规划设计规范》GB 50180 的规定,居住区绿地包括公共绿地、宅旁绿地、公共服务设施所属绿地和道路绿地(道路红线内的绿地),其中包括满足当地植树绿化覆土要求、方便居民出入的地下或半地下建筑的屋顶绿地,不应包括地上建筑屋顶及晒台的人工绿地。居住区内的绿地设置及要求以及绿地面积计算应符合现行国家标准《城市居住区规划设计规范》GB 50180 中关于绿地的相关规定。

公共建筑场地的绿化状况一般用场地绿地面积与屋顶绿化面积之和占场地面积的比率来衡量。公共建筑场地绿化不仅能够改善城市生态质量,而且为使用者提供适宜的公共空间。近年来,许多城市鼓励公共建筑在符合建筑安全和规范的要求下进行屋顶绿化和墙面垂直绿化,不仅可以增加绿化面积、改善生态环境,又可以改善围护结构的保温隔热效果,还可有效地截留雨水。进行绿化设计时,应符合现行国家标准《城市绿地设计规范》GB 50420 中的相关规定。

复层绿化是根据植物的高度、冠幅、日光需求等差异进行多层次种植,合理的植物种植搭配不仅能够增加单位面积上绿色植物的总量,而且能够提高土地综合利用率,形成层次丰富的绿化系统。因此,应合理配置草坪、灌木、乔木,使其发挥最大的经济效益、生态效益和景观效益。植物的绿化栽植土壤有效土层厚度及排水要求应根据不同植物生长需求,符合项目所在地的控制要求。

（二）建筑设计

（1）保证建筑改造后的使用功能能够满足现代生活多元化的需求。

建筑功能主要是指建筑的使用要求,如居住、饮食、娱乐、办公等各种活动对建筑的基本要求,功能是决定建筑形式的基本因素。建筑房间的尺度以及各房间的布局等,都应该满足建筑的功能要求。合理的功能分区将建筑空间各部分按不同的使用要求进行分类,并根据它们之间的关系加以划分,使之分区明确,互不干扰且联系方便。流线组织顺畅与否,直接影响平面设计的合理性。当一个建筑中存在多种流线时(如商业建筑中根据使用性质分为顾客流线、内部职工流线、货物流线等),要注意各种流线通畅,尽量避免相互交叉干扰。

无障碍设计要求城市与建筑作为一个有机的整体,应方便残疾人通行和使用,满足坐轮椅者、挂拐杖者、听力言语和视力残疾者等残疾人的通行,建筑物出入口、地面、电梯、扶手、卫生间、房间、柜台等处应设置残疾人可使用的相应设施,以方便残疾人使用,建筑内无障碍设施应与建筑室外场地无障碍交通有良好的衔接性。改造后建筑室内无障碍设施应满足现行国家标准《无障碍设计规范》GB 50763 中的相关规定。

（2）保证建筑改扩建后建筑风格协调统一,且避免采用大量无实质功能的装饰性构件,以达到经济、美观的效果。

建筑风格是指建筑空间与体型及其外观等方面所反映的特征,建筑风格受社会、经济、建筑材料和建筑技术等因素的制约,并因建筑师的设计思想、观点和艺术素养的不同而有所不同。改扩建后形成的新建筑,除要考虑改扩建部分的结构形式、使用功能等要求之外,还要考虑扩建工程中新增部分与原有建筑、改造建筑与场地内其他建筑的整体风格的协调统一性。

装饰性构件是指以美化建筑物为目的的外饰物。在设计时鼓励使用装饰和功能一体化的构件,如具有遮阳、导光、导风、载物或辅助绿化等作用的飘板、格栅和构架等,限制不具有功能需求的纯装饰性构件的使用比例,并对其造价占改扩建工程总造价的比例进行控制。

(3)保证公共建筑拥有可以实现灵活分隔与转换的可变空间,以适应功能变化和未来发展的需要。

随着时代的发展,公共建筑的业态也会发生与时俱进的变化,每次变化都会对建筑室内空间布局提出不同的要求。为提高空间使用效率,减少因空间变化而带来的装修费用与材料消耗,公共建筑应尽可能采用大空间格局,使其可以根据功能的变化而通过灵活隔断改变内部的布局形式,尤其是作为商场、餐厅、娱乐等用途的空间更应如此。其特点主要体现在:顺应社会不断发展变化的要求,适应功能转换及人员变动而带来空间环境的变化;符合经济性的原则,可变空间可以根据使用者需求随时改变空间布局,避免空间布局改变带来的材料浪费和垃圾产生;灵活可变性满足现代人的多元化需求,如多功能厅、标准单元、通用空间等都是可变空间的一种。

(4)鼓励通过采用合理的被动式技术措施来降低建筑供暖或空调能耗。

被动式技术是通过建筑本身而非机械电气设备干预手段实现降低能耗的技术,具体指通过对建筑空间的合理设计,自然通风、围护结构保温隔热以及遮阳等技术的运用实现建筑采暖、空调及通风能耗的降低。

第一,建筑入口是连接室内外空间的桥梁,是人们由室外进入室内的过渡缓冲空间,其特殊的位置与功能决定它在整个建筑节能中的重要地位。

严寒和寒冷地区冬季室内外温差大,入口空间作为建筑保温节能的薄弱部位,在使用过程中会产生大量的冷风渗透,对建筑的采暖能耗产生重要影响,因此入口处应设置门斗或挡风门廊等能够有效防止冷风渗入的措施。对于不同类型的建筑还应考虑其特殊部位的处理,如居住建筑应注意楼梯间出屋面外门或出屋面口孔的保温及密封性;公共建筑因人员出入量大,外门使用过程中频繁开启导致室外冷空气大量侵入,造成采暖能耗增加,因此设置门斗时应避免两道门同时开启;同时,为了提高外门的保温性能与密闭性,居住建筑应设置保温外门,公共建筑应设置能够自动关闭的自控门等。

夏热冬冷和夏热冬暖地区,采取遮阳措施对于夏季降低建筑能耗、提高室内居住舒适性有显著的效果,根据设置位置不同,遮阳主要分为内遮阳和外遮阳两种形式。内遮阳(百叶、窗帘等)只能遮挡一部分太阳辐射,阳光照射到窗户上时,红外线把玻璃加热,可见光和紫外线使遮阳材料温度升高,内遮阳与窗户之间的空气温度也随之不断上升;外遮阳可以将太阳辐射直接遮挡在窗外,并且遮阳设施与窗户之间流动的空气可把热量带走,是阻挡太阳辐射热进入室内的有效方法之一,可降低制冷负荷50%~70%,同时也能提高居住的热舒适性和光舒适性。因此,这两个地区应根据当地的经济技术水平,采用适宜的外遮阳措施。

第二,自然通风是在风压或热压推动下的空气流动,可以保证建筑内部获得新鲜空气的同时带走多余的热量,不需要消耗动力、节省能源、设备投资和运行费用。它是实现节能和改善室内空气品质、提高室内热舒适的重要被动式技术手段。

居住建筑能否获取足够的自然通风与通风开口面积的大小密切相关,一般情况下,当通风开口面积与地板面积之比达到5%时,房间可以获得较好的自然通风效果。由于不同地区的气候差异和生活习惯的不同,南方更注重房间的自然通风,因此夏热冬暖地区居住建筑通风开口面积与地板面积之比达到10%,夏热冬冷地区达到8%,其他地区达到5%即可。同时,自然通风的效果不仅和通风开口面积与地板面积之比有关,还与通风开口之间的相对位置有关。在设计过程中,应考虑通风开口的位置是否恰当,采用实验或数值模拟方式对不同开口位置的通风效果进行对比分析,尽量使之有利于形成"穿堂风"。

公共建筑通常具有体量大、平面进深大,人员密度高等特征,对于体育馆、火车站等大型的公共建筑,其内部存在开窗通风面积不能满足自然通风要求的区域,如大进深的内区等,该款主要针对这种情况进行自然通风的优化设计,保证建筑在过渡季典型工况下平均自然通风换气次数大于 2 次 /h 的面积比例达到 75%(按面积计算,对于高大空间,主要考虑 3m 以下的活动区域)。

第三,除通过开窗方式进行自然通风之外,还可在建筑设计和构造设计中采取合理引导气流的措施,如导风墙、拔风井等,不仅可以促进室内自然通风的效率,还可以与建筑立面设计有机结合,增强建筑的美观性。

第四,被动式太阳能技术可以通过对建筑朝向、空间布局、建筑体形以及围护结构构造的合理设计,使建筑物以完全自然的方式,冬季能集取、储存、分布太阳热能,夏季能遮蔽太阳辐射,散射室内热量,让建筑本身成为一个利用太阳能的系统,如阳光间、集热(蓄热)墙、可呼吸式幕墙等。被动式太阳能技术可以有效地利用太阳能改善室内热环境,降低采暖或空调能耗。此外,被动式太阳能采暖和降温设施还应与建筑形式有机结合,形成统一的整体。

(三)围护结构

(1)围护结构的热工性能是影响建筑能耗的重要因素之一,应予以严格控制。本条的目的是通过对既有建筑围护结构的改造,提升其热工性能,降低建筑能耗水平。

我国居住建筑节能主要经历三个阶段:第一阶段,将采暖能耗在 1980—1981 年当地通用住宅设计的基础上节能 30%;第二阶段,在第一阶段节能的基础上再节约 30% 的能耗,即将采暖能耗在 1980—1981 年当地通用住宅设计的基础上节能 50%,其中建筑承担 35% 的节能任务;第三阶段,是在第二阶段节能的基础上再节能 30%,即将采暖能耗在 1980—1981 年当地通用住宅设计的基础上节能 65%,其中建筑约承担 45% 的节能任务。因此,根据我国既有建筑的实际情况,综合考虑围护结构改造的难易程度,本条依既有建筑围护结构现状,将评价对象分成两种情况,针对不同情况任选其一进行评价 。

第一种情况,主要针对部分建造年代较为久远的建筑,因其建造时所依据的标准与现行标准存在一定的差距,评价时应综合考虑各地区既有建筑绿色改造的实际情况和难度,将改造后既有建筑围护结构热工性能的提升效果作为评价内容之一。

第二种情况,主要针对近年建造的建筑,因多数建筑设计已经执行了现行国家或行业及地方的节能标准,因此评价时将围护结构热工性能达到现行国家及行业建筑节能设计标准相关规定的程度作为评价内容之一。

(2)通过控制建筑主要功能房间的外墙、隔墙、楼板和门窗的隔声性能,改善室内声环境质量。

"低限标准"与"高要求标准"源自现行国家标准《民用建筑隔声设计规范》GB 50118,标准中对居住、学校、医院、旅馆、办公、商业等类型建筑的墙体、门窗、楼板的空气声隔声性能以及楼板的撞击声隔声性能分"低限标准"和"高标准要求"两档列出。

墙体、门窗、楼板的空气声隔声性能的评判:国家标准《民用建筑隔声设计规范》GB 50118-2010 对各类建筑围护结构空气声隔声性能的特殊要求如下:除旅馆建筑外,对其他建筑类型只规定了围护结构构件隔声标准的单一级别,进行绿色建筑评价时,本条认定该级别为低限标准,高要求标准按在低限标准的基础上调高 5dB 执行;医院建筑中,其病房门的空气声隔声性能通常无法达到更高要求,对医院建筑评价中门的空气隔声性能不参评;旅馆建筑的隔声标准设为三级,本条认定其二级为低限标准,特级为高要求标准;商业建筑中未对外墙、门窗的空气隔声性能设置标准要求,对商业建筑进行改造后评价时,仅对隔墙、楼板隔声性能进行评价,对其他建筑构件不作规定;未涉及的建筑类型围护结构构件隔声性能,可参照相近功能类型要求进行评价。

对于楼板撞击声隔声性能的评判,现行国家标准《民用建筑隔声设计规范》GB 50118 对各类建筑楼板撞击声隔声性能的要求如下:规范只规定了楼板计权规范化撞击声压级单一级别的建筑类型,如学校建筑等,进行绿色建筑评价时,对其他各类建筑,本条认定该级别为低限标准,高要求标准按在低限标准的基础上降低 10dB 执行;规范中对旅馆建筑客房的楼板撞击声隔声标准设为三级,本条认定二级为低限标准,特级为高标准要求。标准中未涉及的建筑类型楼板撞击声隔声标准,可参照相近功能类型要求进行评价。

第二节　结构与材料

一、相关要求

（1）既有建筑绿色改造时，应对非结构构件进行专项检测或评估。

主体结构的安全性及抗震性能的评价与提升往往是结构工程师关注的重点,但既有建筑改造中可能对非结构构件造成扰动和影响,因此应重视非结构构件(尤其是已长期服役的非结构构件)的安全性。

非结构构件包括建筑非结构构件和建筑附属机电设备的支架等。建筑非结构构件指建筑中除承重骨架体系以外的固定构件和部件,主要包括非承重墙体、附着于楼面和屋面结构的构件、装饰构件和部件、固定于楼面的大型储物柜等。本标准所指非结构构件的范围,包括建筑非结构构件和支承于建筑结构的附属设备及其与主体结构的连接。建筑附属设备指建筑中为建筑使用功能服务的附属机械、电气构件、部件和系统,主要包括电梯、照明和应急电源、通信设备、管道系统、采暖和空气调节系统、烟火监测和消防系统、公用天线等。

应委托第三方机构结合既有建筑总体改造要求,参照《建筑结构检测技术标准》GB/T 50344、《建筑机电工程抗震设计规范》GB 50981、《非结构构件抗震设计规范》JGJ 339 等相关标准对既有建筑非结构构件进行检测评估,必要时应进行抗震鉴定,包括评估非结构构件的服役性能,以及在改造过程中发生危险或地震、大风等灾害发生时引发次生灾害的可能性,形成检测报告或抗震鉴定报告。根据检测或鉴定结果,判断是否需要对非结构构件进行必要的加固或改造,并在设计文件中体现。如需进行加固或改造,对预埋件、锚固件采取加强措施等,应委托第三方进行必要的模拟计算分析,以确保加固或改造效果。

经评估检测或处理后的非结构构件的可靠性应符合《民用建筑可靠性鉴定标准》GB 50292、《工业建筑可靠性鉴定标准》GB 50144、《建筑抗震鉴定标准》GB 50023 等相关现行国家标准要求,以及既有建筑所在地相关现行地方标准的要求。

(2)既有建筑绿色改造不得采用国家和地方禁止和限制使用的建筑材料及制品。

一些建筑材料或制品尤其是一些传统建材的制造或使用过程,实际上制约着建筑业可持续发展甚至完全不符合可持续发展需求,主要包括:浪费宝贵资源和能源,破坏人类生存环境,如烧实心黏土砖会大量损毁可耕地,破坏生态环境,危害人类健康,如释放大量甲醛等有害气体的人造板;材料使用寿命太短,需要多次反复维修更换,无法满足建筑正常使用需求,如型材老化时间小于 6 000h 的未增塑聚氯乙烯(PVC-U)塑料窗、石油沥青纸胎油毡;明显增加建筑能耗,与绿色建筑需求相去甚远,如非断热金属型材制作的单玻窗;易造成材料浪费和污染排放(如现场搅拌混凝土)等。

为此,国家和各地方根据实际情况制定了一系列禁止和限制使用的建筑材料及制品目录,如《建设事业"十一五"推广应用和限制、禁止使用技术(第一批)》(原建设部公告第 659 号发布)、

《墙体保温系统与墙体材料推广应用和限制、禁止使用技术》（住房和城乡建设部公告第 1338 号发布）、《北京市推广、限制和禁止使用建筑材料目录（2014 年版）》（京建发〔2015〕86 号发布）、《山东省建筑节能推广和限制、禁止使用技术产品目录（第一批）》（鲁建节科字 [2015] 6 号发布）等。所谓禁止使用，是指该产品或技术已经完全不适应现代建筑业发展需求，应予以淘汰；所谓限制使用，是指该产品或技术尽管不全面禁止使用，但是不适宜在某些环境、某些部位或某些类型建筑中使用。显然，不应在既有建筑绿色改造中采用禁止使用的建材及制品，也不应采用那些不适宜在申报项目中使用的限制类建材及制品。

（3）既有建筑绿色改造后，原结构构件的利用率不应小于 70%。

建筑结构确保安全性、适用性和耐久性，是既有建筑绿色改造的前提。由于建造年代不同、适用标准版本的变化，以及使用功能的变化等因素，既有建筑难免需要对结构进行加固、改造，甚至部分拆除。为节约材料，避免不必要的拆除或更换，并减少对原结构构件的损伤和破坏，既有建筑绿色改造应在安全、适用、经济的前提下尽量利用原结构构件，如梁、板、柱、墙。

本条所指原结构构件的利用率是改造范围内得到利用的原结构构件数量与原结构构件总数量的比例，并不包括扩大面积后新增加的结构部分。如果采用增大截面法进行加固，其原结构构件计算为有效利用。构件数量的计算方法：梁以一跨为一个构件计算（以轴线为计算依据）；柱以一层为一个构件计算（以楼层为计算依据）；板、墙以其周边梁、柱围合的区域为一个构件（以梁、柱间隔为计算依据）。

二、具体实施

（一）结构设计

（1）根据鉴定结果优化改造方案，提升结构整体性能。

要求改造前应根据鉴定结果对原结构进行分析，比选和优化改造方案,减少新增构件数量和对原结构的影响。对改造后结构的整体性能进行模拟分析,提升结构整体性能。对于抗震加固,提升结构整体性能的措施主要包括结构布置和连接构造两个方面。

（2）改造工程中,混凝土结构、钢结构、砌体结构和木结构非抗震加固时,应按现行有关设计和加固规范的要求进行承载能力极限状态和正常使用极限状态的计算、验算,并达到现行国家标准《民用建筑可靠性鉴定标准》GB 50292 或《工业建筑可靠性鉴定标准》GB 50144 的要求。现行国家标准《建筑抗震鉴定标准》GB 50023 根据既有建筑设计建造年代及原设计依据规范的不同,将其后续使用年限划分为 30 年、40 年、50 年 3 个档次(即 A、B、C 类建筑),并提出相应的鉴定方法。对结构抗震加固,应达到现行国家标准《建筑抗震鉴定标准》GB 50023 的基本要求。此处的基本要求是指：20 世纪 80 年代及以前建造的建筑,改造后的后续使用年限不得低于 30 年；20 世纪 90 年代建造的建筑,改造后的后续使用年限不得低于 40 年；2001 年以后建造的建筑,改造后的后续使用年限不得低于 50 年。

衡量抗震加固是否达到规定的设防目标,应以现行国家标准《建筑抗震鉴定标准》GB 50023 的相关规定为依据,即以综合抗震能力是否达标对加固效果进行检查、验算和评定。既有建筑抗震加固的设计原则、加固方案、设计方法应符合现行行业标准《建筑抗震加固技术规程》JGJ 116 及现行相关标准的规定。

（3）鼓励采用简便可靠且环保的改造加固技术,尽量少用或不用周转使用多次后可能成为建筑垃圾的模板。不使用模板的结构加固技术有外粘型钢加固法、粘贴钢板加固法、粘贴纤维复合材加固法等。当采用增大截面法加固时,应控制加固材料用量。建筑结构加固后构件体积较原构件体积的增量越小,往往意味着加固材料的节约,并能减轻结构自重,保持使用空间。

（二）材料选用

（1）新增结构构件合理采用高强建筑结构材料。

合理采用高强度结构材料，可减小改造过程中新增构件的截面尺寸及材料用量，也可减轻结构自重。既有建筑改造涉及的高强建筑结构材料主要包括高强混凝土、高强钢筋以及高强钢材。

高强混凝土一般指强度等级不低于 C60 的混凝土，其最大的特点是抗压强度高，可减小构件的截面。在一定的轴压比和合适的配箍率情况下，高强混凝土框架柱截面尺寸减小，自重减轻，同时避免短柱，对结构抗震也有利，而且提高经济效益。混凝土结构中的受力普通钢筋，包括梁、柱、墙、板、基础等构件中的纵向受力钢筋及箍筋。现行国家标准《混凝土结构设计规范》GB 50010 根据"四节一环保"的要求，提倡应用高强、高性能钢筋。

对于高强钢材，目前一般是鼓励 Q345 及以上钢的使用。

本条高强建筑结构材料采用比例的计算方法为：高强度材料用量比例 = 新增结构构件中高强度材料用量（kg）/ 新增结构构件中所有同类材料用量（kg）。

（2）新增结构构件合理采用高耐久性建筑结构材料。

高耐久性建筑结构材料的使用，能延长建筑的使用寿命。高耐久性建筑结构材料包括混凝土结构中的高耐久性混凝土、钢结构中的耐候结构钢或表面涂覆耐候型防腐涂料的结构钢。混凝土的耐久性是指混凝土结构在自然环境、使用环境及材料内部因素作用下保持其工作能力的性能。使用环境中的侵蚀性气体、液体和固体通过扩散、渗透进入混凝土内部，发生物理和化学变化，往往会导致硬化混凝土性能的劣化。高耐久性混凝土则通过采用优化的原料体系及特殊的配合比设计等技术手段，拥有出色的抵御侵蚀介质破坏的能力，可使混凝土结构安全可靠地工作 50~100 年甚至更长，是一种新型的高技术混凝土。耐候结构钢是指在钢中加入少量的合金元素，如 Cu、P、Cr、Ni 等，使其在金属基体表面形成保护层，以提高钢材的耐候性能。耐候型防腐涂料则具有良好的长期阻隔环境中有害介质侵入或长期抵抗紫外线破坏的能力,从而可以长期具有防腐功能,能够很好地长期抵御有害介质对钢材的腐蚀。

本条中的高耐久性混凝土须按现行行业标准《混凝土耐久性检验评定标准》JGJ/T193进行检测,抗硫酸盐等级达到KS90,抗氯离子渗透、抗碳化及抗早期开裂均达到Ⅲ级,并不低于现行国家标准《混凝土结构耐久性设计规范》GB/T 50476的规定以及改造后建筑结构后续使用年限要求。对于严寒及寒冷地区,还要求抗冻性能至少达到F250级。本条中的耐候结构钢须符合现行国家标准《耐候结构钢》GB/T 4171的要求;耐候型防腐涂料须符合现行行业标准《建筑用钢结构防腐涂料》JG/T 224中Ⅱ型面漆和长效型底漆的要求;木结构构件须符合现行国家标准《木结构设计规范》GB 50005、《木结构工程施工质量验收规范》GB 50206及《建筑设计防火规范》GB 50016中有关构件防火、防腐、防虫的要求。

（3）建筑装饰装修合理采用简约的形式,以及环保性和耐久性好的材料。

形式简约的内外装饰装修方案是指形式服务于功能,避免复杂设计和构造的装饰装修方式。通过设计师的巧妙构思,往往采用形式简约的建筑室内装饰设计风格,也能达到美观甚至是艺术的效果,而且避免了大量使用装饰装修材料。例如,外立面简单规则,室内空间开敞、内外通透,墙面、地面、顶棚造型简洁,尽可能不用装饰或取消多余的装饰;建筑部品及室内部件尽可能使用标准件,门窗尺寸根据模数制系统设计;仅对原装饰层进行简单翻新等。再如,直接采用旧建筑材料作为装饰装修材料,可能会起到怀旧、复古的装饰效果,变废为宝;国内外有建筑案例甚至直接采用其他废旧材料如大型货物包装用木板作为装饰材料,获得了超凡脱俗的装饰效果。清水混凝土不需要涂料、饰面等化工产品装饰,减少材料用量,其结构一次成型,不需剔凿修补和抹灰,减少大量建筑垃圾,有利于保护环境,可视为一种形式简约的内外装饰装修;使用清水混凝土还可以减轻建筑自重,对于减少承重结构材料用量也有一定作用。

为了保持建筑物的风格、视觉效果和人居环境,装饰装修材料在一定使用年限后需进行更新替换。如果使用易沾污、难维护及耐久性差的装饰装修材料,会在一定程度上增加建筑物的维护成本,且装修施工也会带来有毒有害物质的排放、粉尘及噪声等问题。建筑装饰装修材料的环保性能须符合国家标准《民用建筑工程室内环境污染控制规范》GB 50325 和相应产品标准的规定,耐久性须符合现行有关标准的规定。

第三节　电气、暖通空调与给水排水

一、电气

(一)相关要求

（1）公共建筑主要功能房间和居住建筑公共空间的照度、照度均匀度、显色指数、眩光等指标应符合现行国家标准《建筑照明设计标准》GB 50034 的有关规定。

本条是对改造后的既有建筑室内光环境质量的评价,目的是保证经改造的既有建筑房间或场所的照明数量和质量符合现行国家标准的相关规定。照明数量和照明质量评价指标主要包括照度、照度均匀度、显色指数、眩光四项。公共建筑主要功能房间主要是指现行国家标准《建筑照明设计标准》GB 50034 中规定的照明标准值的房间或场所(包括通用房间或场所);居住建筑公共空间主要是指电梯前厅、走道、楼梯间、公共车库等场所。

居住建筑公共空间的照明标准值宜符合国家标准《建筑照明设计标准》GB 50034-2013 的规定。图书馆建筑、办公建筑、商店建筑、观演建筑、旅馆建筑、医疗建筑、教育建筑、美术馆建筑、科技馆建筑、博物馆建筑、会展建筑、交通建筑、金融建筑、体育建筑十四类公共建筑主要功能房间（包括通用房间或场所）照明标准值应符合国家标准《建筑照明设计标准》GB 50034–2013 的规定。

（2）除对电磁干扰有严格要求，且其他光源无法满足的特殊场所外，建筑室内外照明不应选用荧光高压汞灯和普通照明用白炽灯。

本控制项是照明节能评价的一项，目的是限制低效照明光源的使用。荧光高压汞灯和普通照明用白炽灯光效低，不利于节能，属于需要淘汰的产品，不应在室内外照明中使用。

（3）照明光源应在灯具内设置电容补偿，补偿后的功率因数满足国家现行有关标准的要求。

本控制项是照明配电系统节能评价的一项，目的是降低照明线路损耗。提高功率因数能够减少无功功率，从而降低线路损耗。例如气体放电灯在配置电感镇流器时，通常其功率因数很低，一般仅为 0.4—0.5，所以应设置电容补偿，以提高功率因数。国家标准《建筑照明设计标准》GB 50034–2013、《LED 室内照明应用技术要求》GB/T 31831–2015 中规定了功率因数的最低要求：荧光灯功率因数不应低于 0.9；高强气体放电灯功率因数不应低于 0.85；发光二极管（LED）功率小于等于 5W 时，其功率因数不应低于 0.70，功率大于 5W 时，其功率因数不应低于 0.9。

（4）照明光源、镇流器、配电变压器的能效等级不应低于国家现行有关能效标准规定的 3 级。

本控制项是照明节能评价的一项，目的是通过照明系统设备能效的限定提高能源利用。照明产品能效等级分三级：能效等级 3 级（能效限定值），能效等级 2 级（节能评价值）和能效等级 1 级。其中，1 级能效最高，损耗最低。照明光源的能效指标用"初始光效"表示。管型荧光灯用镇流器的能效指标用"镇流器效率"表示。高压钠灯、金属卤化物灯用镇流器的能效指标用"能效因数（BEF）"表示。三相配电变压器的能效指标用"空载损耗"和"负载损耗"表示。

(二)具体实施

(1)供配电系统按系统分类或管理单元设置电能计量表。

本评分项是对管理节能的评价。供配电系统按系统分类或管理单元设置电能计量表,能够记录各系统的用电能耗。设置电能表,是管理节能的重要措施。系统分类:电力、空调、照明、插座等。管理单元:居住建筑按户、公共建筑按租户或单位等。

(2)变压器工作在经济运行区。

本评分项是配电系统节能评价的一项,目的是降低变压器的自身损耗。在确保安全可靠运行及满足供电量需求的基础上,通过对变压器进行合理配置,对变压器负载实施合理调整,从而最大限度地降低变压器的自身损耗。经济运行区是指综合功率损耗率等于或低于变压器额定负载时的综合功率损耗率的负载区间。国家标准《电力变压器经济运行》GB/T 13462-2008 对变压器经济运行判别与评价分为运行不经济、运行合理、运行经济三级。变压器的空载损耗和负载损耗达到能效标准所规定的能效限定值(第 8.1.5 条),且运行在经济运行区,经济运行管理符合 GB/T 13462-2008 第 9.1 节的要求,则认定变压器运行合理。该标准规定了配电变压器经济运行区明确的计算方法及要求。

(3)配电系统按国家现行有关标准设置电气火灾报警系统,且插座回路设置漏电短路保护。

本评分项的目的是减少改造后的既有建筑电气火灾的发生。既有建筑改造时,按现行国家标准《火灾自动报警系统设计规范》GB 50116 等要求增加电气火灾监控系统,主要是为了减少电气火灾发生。照明系统要求按照现行标准,一般插座回路全部设置剩余电流动作保护装置,动作电流 30mA,动作时间 0.1s。

二、暖通空调

(一)相关要求

(1)暖通空调系统改造前应进行节能诊断,节能诊断的内容及方法应符合现行行业标准《既有居住建筑节能改造技术规程》JGJ/T 129 和《公共建筑节能改造技术规范》JGJ 176 的有关规定。

节能诊断是既有建筑改造的重要依据,主要是通过现场调查、检测以及对能源消费账单和设备历史运行记录的统计分析等,找到建筑物能源浪费的环节,为建筑物的节能改造提供依据的过程。民用建筑暖通空调系统改造前应制定详细的节能诊断方案,根据节能诊断结果确定节能改造的范围和内容。

行业标准《既有居住建筑节能改造技术规程》JGJ/T 129-2012 中第 3.1.1、3.2.2、3.3.4、3.5.2 条规定既有居住建筑暖通空调系统节能诊断的主要内容,包括供暖、空调能耗现状的调查、集中供暖系统的现状诊断(仅对集中供暖居住建筑)。既有居住建筑暖通空调系统节能诊断中涉及的检测方法应符合现行行业标准《居住建筑节能检测标准》JGJ/T 132 中的规定。

行业标准《公共建筑节能改造技术规范》JGJ 176-2009 中第 3.3.1 条给出了既有公共建筑暖通空调系统节能诊断的主要内容,包括室内平均温湿度、冷水机组和热泵机组的实际性能系数、锅炉运行效率、水系统回水温度一致性、水系统供回水温差、水泵效率、水系统补水率、冷却塔冷却性能、冷源系统能效系数、风机单位风量耗功率、系统新风量、风系统平衡度、能量回收装置的性能、空气过滤器的积尘情况、管道保温性能,节能诊断项目应根据具体情况选择相应的节能诊断参数。既有公共建筑暖通空调系统节能诊断中涉及的检测方法应符合行业标准《公共建筑节能检测标准》JGJ/T 177-2009 中"8 采暖空调水系统性能检测""9 空调风系统性能检测"的有关规定,能量回收装置性能测试可参照现行国家标准《空气-空气能量回收装置》GB/T 21087 的规定。

综上，无论是居住建筑还是公共建筑，暖通空调系统节能诊断报告应包含系统概况、检测结果、节能诊断与节能分析、改造方案建议等内容，为暖通空调系统节能改造提供必要的支撑。如果建筑整体进行了节能诊断，只要涵盖本条所要求的暖通空调系统节能诊断内容，即可达标。对于改造前没有暖通空调系统的建筑，不需要进行节能诊断报告。

（2）暖通空调系统进行改造时，应按现行国家标准《民用建筑供暖通风与空气调节设计规范》GB 50736 对热负荷和逐时冷负荷进行详细计算，并应核对节能诊断报告。

既有建筑进行改造时可能会涉及建筑围护结构、房间分隔要求和使用功能等方面，采用热、冷负荷指标计算时，往往会导致总负荷计算结果偏大，增加初投资和能源消耗。因此，在对暖通空调系统进行改造或仅进行暖通空调系统改造时，需要按国家或地方的有关节能设计标准对建筑热负荷和逐项逐时冷负荷进行重新计算，根据负荷特点确定设备选型，避免由于冷、热负荷偏大，导致装机容量大、管道尺寸大、水泵和风机配置大、末端设备选型大的"四大"现象发生。

国家标准《民用建筑供暖通风与空气调节设计规范》GB 50736-2012 中强制性条文第 5.2.1、7.2.1 条明确规定，施工图设计阶段，应对集中供暖系统每个房间的热负荷、空调区的冬季热负荷和夏季逐时冷负荷进行计算；强制性条文第 7.2.10、7.2.11 条提出应按照空调区各项逐时冷负荷的综合最大值确定空调区的夏季冷负荷，当末端设备具有温度自动控制装置时，空调系统的夏季冷负荷按所服务各空调区逐时冷负荷的综合最大值确定，此外还规定应计入新风冷负荷、再热负荷及各项有关的附加冷负荷。《民用建筑供暖通风与空气调节设计规范》GB 50736-2012 中第 5.2、7.2 节分别对热负荷和逐时冷负荷的计算进行了详细的规定，设计人员必须严格按照标准要求执行。

（二）具体实施

（1）提高供暖空调系统的冷、热源机组的能效。

暖通空调系统冷热源机组的能耗在建筑总能耗中占有较大的比重，机组能效水平的提升是改造的重点之一。国家标准《公共建筑节能设计标准》GB 50189-2015 第 4.2.5、4.2.10、4.2.14、4.2.17、4.2.19 条分别对锅炉的热效率、电机驱动压缩机的蒸气压缩循环冷水（热泵）机组的性能系数（COP）、名义制冷量大于7 100W 且采用电机驱动压缩机的单元式空气调节机、风管送风式和屋顶式空气调节机组的能效比（EER）、多联式空调（热泵）机组的综合性能系数 IPLV（C）、直燃型溴化锂吸收式冷（温）水机组的性能参数提出了基本要求。考虑到既有建筑改造的难度，本条要求改造后上述机组满足这些基本要求即可。

对于国家标准《公共建筑节能设计标准》GB 50189-2015 中未予规定的情况，例如量大面广的住宅或小型公建中采用分体空调器、燃气热水炉等其他设备作为供暖空调冷热源（含热水炉同时作为供暖和生活热水热源的情况），以《房间空气调节器能效限定值及能效等级》GB 12021.3-2010、《转速可控型房间空气调节器能效限定值及能源效率等级》GB 21455-2013、《家用燃气快速热水器和燃气采暖热水炉能效限定值及能效等级》GB 20665-2015 等现行有关国家标准中的能效限定值作为判定本条是否达标的依据。

（2）合理设置用能计量装置。

为了降低运行能耗，既有建筑在改造时，暖通空调系统应进行必要的用能计量。《民用建筑节能条例》《国家机关办公建筑和大型公共建筑能耗监测系统分项计量能耗数据采集技术导则》《国家机关办公建筑和大型公共建筑能耗监测系统楼宇分项计量设计安装技术导则》等国家法律和政策提出对暖通空调系统能耗分项计量，并对分项计量能耗数据设计、安装、采集进行了详细规定。此外，一些地方对分项计量作了更为具体深入的规定，如上海市发布了《大型公共建筑能耗监测系统工程技术规范》DG/T J08-2068。

（3）合理设置暖通空调能耗管理系统。

本条文的目的是结合能源管理系统,促进暖通空调系统的运行节能。暖通空调能耗管理系统是利用计算机技术和现场中央空调能耗计量设备组成一个综合的系统管理网络,由中央空调计量仪表、计时温控器、能耗采集设备、数据传送设备、通讯线路、管理电脑、管理软件等组成。通过对各计量点、区域实现能源在线动态监测、自动控制、能源汇总分析、能耗指标综合考评、故障自动报警、历史数据查询、能耗报表自动生成,为能源合理调配提供根据,为能源自动化管理提供手段,为系统地节能降耗考评提供科学的依据。

在既有建筑暖通空调系统改造过程中,针对各个部分和重点设备,在改造过程当中合理加装或改造各类传感器和仪表,并通过软件平台将系统能耗参数进行集中采集,实现实时显示、统计存储、分析对比、权限管理、上传公示、报警预测等功能。

三、给水排水

（一）相关要求

（1）既有建筑绿色改造时,应对水资源利用现状进行评估,并应编制水系统改造专项方案。

本条的目的是通过对既有建筑改造后的方案、效果、风险等进行预评估,避免改造的盲目性。在编制水系统改造专项方案时,除了对节水节能效果、技术经济合理性进行评估外,还应评估水系统改造对周边环境、用户、建筑本体等造成的影响。

水系统改造专项方案应包括但不限于以下内容:当地政府规定的节水要求、地区水资源状况、气象资料、地质条件及市政设施情况等项目概况。当项目包含多种建筑类型,如住宅、办公建筑、旅馆、商店、会展建筑等时,可统筹考虑项目内水资源的综合利用；确定节水用水定额、编制用水量计算表及水量平衡表；给排水系统设计方案介绍；采用的节水器具、设备和系统的相关说明；非传统水源利用方案。对雨水、再生水及海水等水资源利用的技术经济可行性进行分析和研究，进行水量平衡计算，确定雨水、再生水及海水等水资源的利用方法、规模、处理工艺流程等，并应采取用水安全保障措施，且不得对人体健康与周围环境产生不良影响；景观水体补水严禁采用市政供水和自备地下水井供水，可以采用地表水和非传统水源，取用建筑场地外的地表水时，应事先取得当地政府主管部门的许可；采用雨水和建筑中水作为水源时，水景规模应根据设计可收集利用的雨水或中水量来确定；水系统改造对周边环境的影响、对用户影响评估、建筑本体影响评估等评估报告。

（2）在非传统水源利用过程中，应采取确保使用安全的措施。

本条的目的是确保非传统水源使用的安全性。非传统水源利用的安全保障措施，包括水量及水质两方面，具体要求如下：雨水及中水回用时，水质符合现行国家标准《城市污水再生利用景观环境用水水质》GB/T 18921 和《城市污水再生利用城市杂用水水质》GB/T 18920 的规定；雨水、中水等在处理、储存、输配等过程中符合现行国家标准《污水再生利用工程设计规范》GB 50335、《建筑中水设计规范》GB 50400 的相关要求；非传统水源管道及相关设备应有明显标识，并严禁与生活饮用水给水管道连接；非传统水源供水系统应设置用水源、溢流装置及相关切换设施等，以保障用水需求；景观水体采用雨水、再生水作为补水水源时，其设计应包含有水质安全保障等措施；水池（箱）、阀门、水表及给水栓、取水口均应有明显的非传统水源标志；采用非传统水源的公共场所的给水栓及绿化取水口应设带锁装置；非传统水源用于绿化灌溉时应避免喷灌，防止微生物传播。

（二）具体实施

（1）给水系统无超压出流现象。

本条的目的是通过控制用水点出水压力，达到节约供水的目的。用水器具流出水头是指保证给水配件流出额定流量在阀前所需的水压。给水配件阀前压力大于流出水头，给水配件在单位时间内的出水量超过额定流量的现象，称超压出流现象。给水配件超压出流，不但会破坏给水系统中水量的正常分配，对用水工况产生不良的影响，同时因超压出流量未产生使用效益，为无效用水量，即浪费的水量。因此，给水系统设计时应采取措施控制超压出流现象，应合理进行压力分区，并适当地采取减压措施，避免超压出流造成的浪费。

当选用了恒定出流的用水器具时，该部分管线的工作压力满足相关设计规范的要求即可。当建筑因功能需要，选用特殊水压要求的用水器具时，如大流量淋浴喷头，可根据产品要求采用适当的工作压力，但应选用用水效率高的产品，并在说明中作相应描述。

（2）按供水用途、管理单元或付费单元设置用水计量装置。

本条的目的是对不同使用用途、管理单元或付费单元分别设水表统计用水量，并据此施行计量收费，以实现"用者付费"，达到鼓励行为节水的目的；同时还可统计各种用途的用水量，并分析渗漏水量，达到持续改进的目的。各管理单元通常是分别付费，或即使是不分别付费，也可以根据用水计量情况，对不同管理单元进行节水绩效考核，促进行为节水。对公共建筑中有可能实施用者付费的场所，应设置用者付费的设施，实现行为节水。

（3）热水系统采取合理的节水及节能措施。

本条的目的是由于设计不合理带来的降低热水系统水资源浪费。热水系统用水点处冷、热水供水压力一旦出现不平衡，会带来用水点出水温度的波动，既影响使用的舒适性，也引起用水的浪费。因此，本条参考现行国家标准《民用建筑节水设计标准》GB 50555 的规定：用水点处冷、热水供水压力差不宜大于 0.02MPa。目前市场上调节用水点处水压的产品很多，冷、热水系统的压力差的调节范围可在 0.15MPa 内，如带调压功能的混合器、混合阀等。

集中热水供应系统应有保证用水点处冷、热水供水压力平衡的措施，确保用水点处冷、热水供水压力差不应大于 0.02MPa，具体措施包括但不仅限于以下内容：冷水、热水供应系统分区一致；当冷、热水系统分区一致有困难时，宜采用配水支管设可调式减压阀减压等措施，保证系统冷、热水压力的平衡；在用水点处宜设带调节压差功能的混合器、混合阀。

第四节　施工管理与运营管理

一、施工管理

（一）相关要求

（1）应建立绿色施工管理体系和组织机构，并应落实各级责任人。

绿色施工是既有建筑改造绿色评价体系中的重要方面，反映其施工过程中在节材、节地、节能、节水和减少环境污染等方面取得成绩，包括带来的经济、社会及环境效益。为切实落实绿色施工理念，并实现项目投资、进度及质量目标，项目部（包括总承包项目部及未纳入总承包管理范围的项目部）有必要对施工进行全过程、全方位的规划组织、控制和协调，建立绿色施工管理组织机构，完善管理体系和制度建设，设定绿色施工总目标，进行目标分解，并实施和考核。严谨完善的管理体系、强有力的组织及各级岗位责任人及职责的明确是实施绿色施工的基本保障，在此基础上还应根据预先设定的目标，比选优化施工方案，制定相应施工计划并严格执行。在实施过程中尚应要求措施、进度和人员落实并为目标实现采用各类适用的技术手段。项目经理为绿色施工第一责任人,负责绿色施工的组织实施及目标实现,明确各级管理人员和监督人员的责任。

(2)施工项目部应制定施工全过程的环境保护计划,并应组织实施。

建筑工程施工不仅占用土地资源改变场地的原始状态,且耗用大量的材料、水及能源资源,对周边环境可能造成多种影响,包括土壤污染、扬尘、噪声、水污染、光污染等。各种拆除物、施工中的材料边角废料等也会增加对环境的不利影响。既有建筑绿色化改造中,应充分体现绿色施工的理念,在拆除和改造施工过程中最大限度地实现节约和环境保护目标。为保护施工现场周边生活环境,防止污染和其他公害,保障人身健康,应在施工前制定施工全过程环境保护计划,并明确施工中各相关方应承担的责任和义务,将环境保护措施落实到具体责任人;实施过程中开展定期检查,使绿色施工规范化、标准化、制度化,从而保证环境保护计划的实现。

施工全过程环境保护计划包括固体废弃物处理计划、室内环境管理计划、现场环境管理计划、周边环境保护计划,全面控制噪声、振动、废水、废气和固体废弃物对环境的影响。

(3)施工项目部应制定施工人员职业健康安全管理计划,并应组织实施。工程施工阶段不应出现重大安全事故。

既有建筑改造施工中,项目部应依据建设部职业健康安全方针,通过对职业健康安全管理运行过程进行策划,对存在重大风险因素进行防控和管理,规范项目职业健康安全管理行为,提升管理水平,加强对施工人员的健康安全保护,确保项目职业健康安全管理目标和指标的实现。

职业健康安全管理计划应包括工程概况、管理目标、组织机构与职责权限、规章制度、风险分析与控制措施、安全专项施工方案、应急准备与响应、资源配置与费用投入计划、教育培训、检查评价、验证与持续改进等方面。施工项目部应根据常规性作业和非常规性作业分别编制"职业健康安全管理计划",并组织落实,对于非常规性作业管理人员、操作人员的作业资格和身体状况还需进行专项审查,保障施工人员的健康与安全。工程施工阶段出现安全责任事故,包括安全生产死亡责任事故、发生全体传染病或食物中毒等责任事故等,说明其健康安全保护及相关管理存在严重问题,不应参加绿色改造评价。

（二）具体实施

（1）施工过程中采取有效的降尘措施。

施工扬尘是最主要的大气污染源之一。施工中应采取有效的降尘措施,降低大气总悬浮颗粒物浓度。施工中的降尘措施包括对易飞扬物质的洒水、覆盖、遮挡,对出入车辆的清洗、封闭以及对易产生扬尘的施工工艺采取降尘措施等。在工地建筑结构脚手架外侧设置密目防尘网或防尘布,具有很好的扬尘控制效果。

现场应建立洒水清扫制度,配备洒水设备,并应有专人负责;对裸露地面、集中堆放的土方应采取抑尘措施;运送土方、渣土等易产生扬尘的车辆应采取封闭或遮盖措施;现场进出口应设冲洗池和吸湿垫,应保持进出现场车辆清洁;易飞扬和细颗粒建筑材料应封闭存放,余料应及时回收;易产生扬尘的施工作业应采取遮挡、抑尘等措施;拆除作业应有降尘措施;高空垃圾清运应采用封闭式管道或垂直运输机械完成;现场使用散装水泥、预拌砂浆应有密闭防尘措施。

（2）施工过程中采取有效的减振、降噪措施。

施工过程中产生的噪声是影响周边居民生活的主要因素之一,也是居民投诉的主要对象。现行国家标准《建筑施工场界环境噪声排放标准》GB 12523 对噪声的测量、限值作出了具体的规定,是施工噪声排放管理的依据。为降低施工噪声排放,应采取降低噪声和噪声传播的有效措施,包括采用低噪声设备,采取吸声、消声、隔声、隔振等降噪措施,降低施工机械噪声。

根据现行国家标准《建筑施工场界环境噪声排放标准》GB

12523 建筑施工过程中场界环境噪声不得超过昼间 70dB（A）、夜间 55dB（A）的排放限值。夜间噪声最大声级超过限值的幅度不得高于 15dB（A）。当场界距噪声敏感建筑物较近，其室外不满足测量条件时，可在噪声敏感建筑物室内测量，并将昼间 60dB（A）、夜间 45dB（A）作为评价依据。

（3）制定并实施施工节水和用水方案，监测并记录施工水耗。

施工过程中的用水，是建筑全生命期水耗的组成部分。制定施工节水和用水方案，做好水耗监测、记录，是指导施工节水的重要方法和措施。由于建筑类型、结构、高度、所在地区等的不同，建成每平方米建筑的用水量有显著的差异。施工中应制定节水和用水方案，提出建成每平方米建筑水耗目标值。做好水耗监测、记录，用于指导施工过程中的节水。竣工时提供施工过程水耗记录和建成每平方米建筑实际水耗值，为施工过程的水耗统计提供基础数据，为指导同类建筑建造施工节水提供重要依据。施工过程中的节水方法主要有：现场搅拌用水、养护用水采用检验合格的中水或收集的雨水；现场机具、设备、车辆冲洗用水设立循环用水装置，优先使用中水和其他可利用水；在生活区、办公区，生活用水采用节水系统和节水器具，并做到污水、废水分流，建立可利用水池收集，使生活用水得到阶梯利用，有条件的宜建立中水处理装置，使污水得到更好的循环利用；施工现场喷洒路面、绿化浇灌应尽量利用中水、收集雨水、生活循环水或其他可利用的河湖水，提高施工水资源利用效益；尽量采用非传统水源进行洗刷、降尘、绿化、设备冷却，非传统水源包括工程项目中使用的中水、基坑降水、工程使用后收集的沉淀水以及雨水等。

二、运营管理

（一）相关要求

（1）应制定并实施节能、节水、节材与绿化管理制度。

项目改造后，其在节能、节水、节材和绿化环境方面的运行效果直接反映了建筑的绿色特性。物业管理机构在制定降低建筑运行能耗、节约水资源和材料资料,以及景观绿化等方面的管理制度时,应充分考虑建筑使用功能、运行特点以及所处环境,并应以不影响建筑使用舒适性为前提。各类管理制度实施过程中应做好工作记录,并说明实施效果。节能管理制度主要包括节能方案、节能管理模式和用能收费模式等。节水管理制度主要包括节水方案、节水管理模式和分户分类计量收费等。节材管理制度主要包括建筑、设备、系统的维护制度和耗材管理等。绿化管理制度主要包括苗木种植与养护、绿化用水计量、肥料和化学品使用等。

(2)应制定并实施生活垃圾管理制度,并应分类收集、规范存放。

《中华人民共和国固体废物污染环境防治法》中对工业固体废物、生活垃圾和危险废物等三大类固体废物污染环境的防治进行了规定。建筑运行阶段产生的固体废物以生活垃圾为主。建筑运行阶段产生的生活垃圾主要包括:纸张、塑料、玻璃、金属、布料等可回收利用垃圾;动物皮毛、内脏与骨头、植物根茎、果皮与菜叶、剩余饭菜与油脂等厨余垃圾;含有重金属或有害化学成分的电池、灯管、电子产品、过期药品等有害垃圾;砖瓦、陶瓷、渣土、木制品等其他垃圾。

物业管理机构应以鼓励可利用资源的回收再利用为原则,首先根据常见垃圾种类和相应处置要求,对生活垃圾的分类收集、存放和转运等进行合理规划。对其中可再利用或可再生的材料应进行回收处理。其次,根据规划,制定包括人员配备与分工、经费来源与使用、业务培训、监督与管理等内容的生活垃圾管理制度,确定分类收集、存放和转运的具体操作办法。垃圾管理制度应当包括:分类垃圾容器(投放箱、投放点等)和收集点的设置与维护管理,采用的运输工具和器具,垃圾转运措施,不同类别垃圾的处理设施的设置与维护管理等。垃圾收集与存放设施应具有密闭性,其规格、位置和数量应符合国家现行相关标准和有关规定的要求,并与周围景观协调,便于转运。在实际运行过程中,应采取措施避免垃圾无序倾倒和二次污染。

（3）建筑公共设施应运行正常且运行记录完整。

建筑公共设施是指设置于公共建筑或居住建筑的公共区域内的设施,主要包括暖通空调、供配电和照明、智能控制、给排水、电梯、无障碍设施、垃圾处理,以及能源回收、太阳能热利用和光伏发电、遮阳、雨水收集处理等设备及配套构筑物。建筑公共设施能否正常运行是保证建筑正常运行,实现预期改造目标的关键。运行数据是反映设施运行状况的直接依据,通过对设施运行数据进行分析,也可以为进一步挖掘设施运行潜力提供依据。设施运行数据包括耗能 / 水量、维修保养记录、节约能源 / 资源量（如太阳能热利用和光伏发电、雨水收集处理等设施）等。

（二）具体实施

（1）物业管理机构通过相关管理体系认证。

ISO 14000 环境管理体系系列标准由国际标准化组织 ISO 发布。ISO 14001 是系列标准中的主体标准,适用于任何类型和规模的组织,内容涵盖环境管理体系、环境审核、环境标志、全生命周期分析等方面。ISO 14001 环境管理体系认证是为了提高环境管理水平,达到节约能源、降低消耗、减少环保支出、降低成本的目的,可以减少由于污染事故或违反法律、法规所造成的环境风险。物业管理机构在按照 ISO 14001 体系执行企业环境质量管理时,应制定系统、完善的程序管理文件,包括环境方针文件、规划文件、实施与运行文件、检查与纠正措施文件、管理评审文件等,确保管理体系过程的有效策划、运行和控制。

（2）设置专门机构负责建筑的能源和水资源使用与管理。

随着建筑使用舒适度的不断提高,建筑运行阶段的能源和水资源消耗也随之增加,因此需要设置专门机构加强对能源和水资源的使用管理,其目的是合理降低能源和水资源使用量。能源和水资源管理小组的主要职责是能源和水资源使用管理,具体负责制定建筑节能和节水计划,运用科学的管理方法和先进的技术手段组织实施,并定期对能源和水资源使用情况进行监督检查。

管理小组负责人应熟悉国家有关法律法规和政策,具有大专及以上暖通或电气、给排水等专业学历,以及三年以上相关工作经验。管理小组成员的专业背景应涵盖暖通、电气、给排水等专业。管理小组应定期召开管理工作会议,可每个月举行一次,对比当月能源和水资源消耗数据与历史同期的数据,分析数据差距原因,挖掘设施节能与节水潜力。

（3）制定并实施建筑公共设施预防性维护制度及应急预案。

预防性维护制度是指为延长设备使用寿命、减少设备故障和提高设备可靠性而进行的计划内维护,其目的在于将设备的故障率和实际折旧率降至最低,提高设备的可靠性。

应急预案是指面对突发事件,如重特大事故、环境公害及人为破坏时的应急管理、指挥、救援计划等。由于一些建筑公共设施(如太阳能光热、雨水回用等)的运行可能受到一些灾害性天气的影响,为保证安全有序,必须制定相应的应急预案。建立建筑公共设施的预防性维护制度和应急预案不仅可以降低设施维护成本,而且有利于提高设施运行水平,实现建筑的节能降耗和运行安全。因此,无论是业主负责建筑的运行维护还是聘请专业机构提供物业管理服务,都应针对公共设施建立完善的预防性维护制度和应急预案。

物业管理机构应根据公共设施运行状况,按照维护制度定期(如月度、季度、半年度及年度)对公共设施进行预防性维护。为了及时、有序、高效处置公共设施突发事故,应根据公共设施应急预案定期组织进行演练,并做好相关记录。

参考文献

[1] 宗敏.绿色建筑设计原理 [M].北京：中国建筑工业出版社,2010.

[2] 马素贞.绿色建筑技术实施指南 [M].北京：中国建筑工业出版社,2016.

[3] 江苏省工程标准站.绿色建筑标准体系 [M].北京：中国建筑工业出版社,2014.

[4] 卜一德.绿色建筑技术指南 [M].北京：中国建筑工业出版社,2008.

[5] 人社部中国就业培训技术指导中心.绿色建筑基础理论 [M].北京：中国建筑工业出版社,2015.

[6] 刘加平,等.绿色建筑概论 [M].北京：中国建筑工业出版社,2010.

[7] 李飞,杨建明.绿色建筑技术概论 [M].北京：国防工业出版社,2014.

[8] 孙鸿昌.绿色建筑节能控制技术研究与应用 [M].北京：中国建筑工业出版社,2016.

[9] 刘经强,田洪臣,赵恩西.绿色建筑设计概论 [M].北京：化学工业出版社,2015.

[10] 李继业,刘经强,郗忠梅.绿色建筑设计 [M].北京：化学工业出版社,2015.

[11] 张晓宁,等.绿色施工综合技术及应用 [M].南京：东南大学出版社,2014.

[12] 杨丽 . 绿色建筑设计——建筑节能 [M]. 上海：同济大学出版社, 2016.

[13] 韩文科, 等 . 绿色建筑：中国在行动 [M]. 北京：中国经济出版社, 2013.

[14] 丛大鸣 . 节能生态技术在建筑中的应用及实例分析 [M]. 济南：山东大学出版社, 2009.

[15] 杨柳, 等 . 建筑节能综合设计 [M]. 北京：中国建筑工业出版社, 2014.

[16] 中国建筑科学研究院 . 绿色建筑在中国的实践——评价、示例、技术 [M]. 北京：中国建筑工业出版社, 2007.

[17] 李海英, 等 . 生态建筑节能技术及案例分析 [M]. 北京：中国电力出版社, 2007.

[18] 刘睿 . 绿色建筑管理 [M]. 北京：中国电力出版社, 2013.

[19] 李德英 . 建筑节能技术 [M]. 北京：机械工业出版社, 2006

[20] 田慧峰, 等 . 绿色建筑适宜技术指南 [M]. 北京：中国建筑工业出版社, 2014.

[21] 姚兵, 等 . 建筑节能学研究 [M]. 北京：北京交通大学出版社, 2014.

[22] 中华人民共和国建设部 .GB/T50378—2006. 绿色建筑评价标准 [M]. 北京：中国建筑工业出版社, 2006.

[23] 林宪德 . 绿色建筑：生态节能减废健康 [M]. 北京：中国建筑工业出版社, 2007.

[24] 中国建筑科学研究院 . 绿色建筑在中国的实践——评价、示例、技术 [M]. 北京：中国建筑工业出版社, 2007.

[25] 吴瑞卿, 等 . 绿色建筑与绿色施工 [M]. 长沙：中南大学出版社, 2017.

[26] 柴永斌 . 绿色建筑的政策环境分析与对策研究 [D]. 上海：同济大学, 2006.